Reinhard Junker / Richard Wiskin

Die ersten Gipfelstürmer

Reinhard Junker/Richard Wiskin

Die ersten Gipfelstürmer

Wie Blumen die Alpen erobern

Christliche Verlagsgesellschaft mbH

Junker, Reinhard / Wiskin, Richard

Die ersten Gipfelstürmer

Best.-Nr. 271.638
ISBN 978-3-89436-638-1

3. Auflage 2019

Christliche Verlagsgesellschaft mbH

Herausgegeben von der
Studiengemeinschaft
Wort und Wissen

Umschlaggestaltung: CV Dillenburg, Foto: Andreas Tauber
Innengestaltung: SG Wort und Wissen, Entwurf: Johannes Weiss
Das Buch erschien in den ersten beiden Auflagen in anderem Format bei SCM Hänssler
Druck: Gutenberg Beuys Feindruckerei GmbH, Langenhagen
Printed in Germany

Inhalt

62 Woher kommen die Alpenblumen?

Einleitung

Unwirtliche Höhen – für viele Alpenpflanzen kein Problem! Im Hintergrund grüßt der majestätische Piz Palü (3905 m; Graubünden)

Lange bevor gipfelhungrige Alpinisten einsame Gipfelregionen ansteuerten, hatten sich versierte Geschöpfe in diesen extremen Lebensräumen bereits „häuslich" eingerichtet. Die zarten und zugleich zähen, die spezialisierten und doch flexiblen hochalpinen Blumen gehören zu den *ersten Gipfelstürmern*. Alpenpflanzen verfügen nämlich über eine Reihe spezieller Fähigkeiten, die ihnen ein „Leben in großen Höhen" ermöglichen, in einer geradezu lebensfeindlichen Umgebung. Woher haben aber diese zarten Geschöpfe ihre besonderen Lebensstrategien bekommen, die dafür nötig sind?

Die Erde hat eine bewegte Geschichte hinter sich. Daher mussten die Tiere und Pflanzen in einem beträchtlichen Maß anpassungsfähig sein, damit ihre Existenz in Zeiten größerer Änderungen der Umweltbedingungen gesichert war. Ökologische Umbrüche konnten die Lebewesen nur überstehen, wenn sie flexibel auf die neuen Situationen reagieren und sich anpassen konnten. Arten, die streng auf einen bestimmten Lebensraum oder auf besondere Lebensbedingungen spezialisiert gewesen wären, hätten sich kaum etablieren und dauerhaft bestehen können.

Die biblisch begründete Schöpfungslehre versteht die flexiblen Lebensstrategien der Alpenpflanzen als *Schöpfungsgaben*. Wie sich das in der Gestalt dieser Geschöpfe äußert, soll durch die nachfolgende Reise in die faszinierende Welt der Hochgebirgsflora erkundet werden. An ausgewählten Beispielen werden die erstaunlichen Fähigkeiten der hochalpinen Pflanzenwelt vorgestellt. Wie bereits angedeutet, sollen dabei nicht nur die aktuellen Fähigkeiten und Strategien der Pflanzen veranschaulicht werden. Dem Leser soll vielmehr auch ein Eindruck davon vermittelt werden, wie die Schöpfungsgedanken Gottes in den Lebensstrategien der „ersten Gipfelstürmer" im Laufe der Zeit Gestalt angenommen haben. Die Schöpfung ist nicht starr und unflexibel, sondern anpassungsfähig. Die *geschaffenen Grundtypen* waren und sind nicht nur für die Gegenwart ausgerüstet, sondern für ein Leben über viele Generationen hinweg in sich wandelnden Umwelten.

Typisch für den Kanton Graubünden – der Gelbe Alpenmohn *(Papaver rhaeticum)* am Piz Alv auf 2880 m.

Faszination

Der Gletscher-Hahnenfuß *(Ranunculus glacialis)* gehört zu den höchststeigenden Blütenpflanzen Europas und blüht selbst knapp unterhalb vom Gipfel des 4275 m hohen Finsteraarhorns (links).

Alpenblumen

„Welch herrlicher Genuss, was für eine Wonne ist es, die unermesslichen Bergmassen bewundernd zu beobachten und sein Haupt über die Wolken emporzuheben. Diese erstaunenswürdige Höhe macht auf die Seele den Eindruck der Erhabenheit und reißt sie zur anbetenden Bewunderung des allweisen Schöpfers hin. Nur Menschen mit träger Seele bewundern nichts, bleiben in dumpfer Gefühlslosigkeit zu Hause, liegen gleich Murmeltieren in einem Winkel begraben."

Conrad Gesner (1516–1565)
Naturforscher und Stadtarzt aus Zürich

Gegenblättriger Steinbrech (*Saxifraga oppositifolia*) als bunter Farbtupfer auf dem groben Schutt eines Moränenhügels.

Auch der Alpen-Mannsschild *(Androsace alpina)* erreicht die 4000-m-Grenze.

Der Faszination der Alpenblumen kann sich wohl kaum ein Bergwanderer entziehen, auch wenn er sonst keinen Blick für die „stillen Wunder am Wegesrand“ (W. KUHN) hat. Im Gebirge – so scheint es – entwickeln die Blumen eine besondere Pracht, und in den unwirtlichsten Regionen zeigen sie ihre Vitalität umso deutlicher. Gerade in den größten Höhen finden sich ausgesprochen schöne Vertreter. Einige Blütenpflanzen erreichen sogar das Ziel, das jeden passionierten Bergsteiger in Europa lockt: einen Viertausender zu besteigen. So wurde der Gletscher-Hahnenfuß *(Ranunculus glacialis)* in der Gipfelregion des 4275 m hohen Finsteraarhorns in den Berner Alpen blühend gefunden. Auch der Alpen-Mannsschild *(Androsace alpina)* und der Rote Steinbrech *(Saxifraga oppositifolia)*, die hübsche Polster bilden können, sind in der Lage, die Viertausendergrenze zu überschreiten. Es liegt wohl mit am Kontrast zur kargen und oft öden Umgebung, was den Reiz dieser Gipfelstürmer ausmacht.

Auf über 3000 Metern, auf Höhen, die nur unter günstigen Bedingungen längere Zeit schneefrei bleiben, finden sich noch Dutzende verschiedener Blütenpflanzen. Angesichts der lebensfeindlichen Bedingungen dieser Region ist es verwunderlich, dass Pflanzen hier überhaupt „florieren“ können. Eine große Zahl von ihnen gedeiht ausschließlich in luftigen Höhen über 2000 Metern und steigt nur unter seltenen glücklichen Umständen einmal tiefer hinab. Es handelt sich um ganz bestimmte Vertreter von Pflanzengattungen, die mit speziellen Fähigkeiten ausgerüstet sind, die es ihnen ermöglichen, in großen Höhen ihr Dasein zu fristen.

Pflanzen als Landschaftsgärtner

Biologen sprechen gewöhnlich von „Anpassungen“. Doch dieser Begriff erscheint – nicht nur bei Alpenblumen – zu passiv, um das Leben dieser Geschöpfe zu begreifen. Treffender ist, von Einrichtungen und Fähigkeiten zu sprechen, durch die die Pflanzen die Standort- und Umweltbedingungen bewältigen können. Wie wir noch sehen werden, sind manche Pflanzen tatsächlich in der Lage, in gewisser Hinsicht *aktiv* ihre Umgebung *zu gestalten*. Wenn etwa Pionierpflanzen auf Schutthalden einen Geröllhang regelrecht befestigen, das Ansammeln von Feinerde ermöglichen und damit nachfolgenden Besiedlern eine Existenzgrundlage verschaffen, kann ein solcher Vorgang kaum nur als „Anpassung“ an die Umgebung charakterisiert werden.

Woher aber haben diese Pflanzen ihre Fähigkeiten, Merkmale und Vorrichtungen erhalten? Seit Mitte des 19. Jahrhunderts versuchen die meisten Biologen, alle Phänomene des Lebens vor dem Hintergrund einer allgemeinen Evolution (Höherentwicklung) ohne göttliche Einwirkung zu erklären. Nach der klassischen Sicht der Evolutionslehre haben die Alpenpflanzen (wie alle anderen

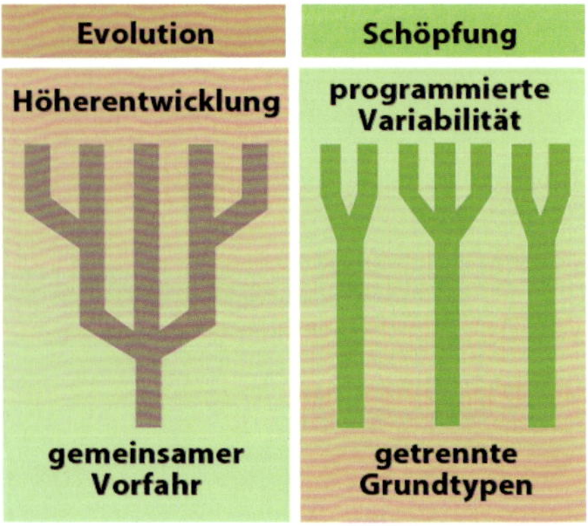

Einfache Gegenüberstellung von Schöpfung und Evolution.

Pionierpflanzen erobern neue Lebensräume. Schuttstauer (s. S. 49f.) haben einen Geröllhang weitgehend befestigt und ermöglichen somit weiteren Arten die Ansiedlung. Der graue Hang wird farbig.

Lebewesen auch) ihre speziellen Eigenschaften in einem langwierigen Prozess *ungesteuerter* Mutationen (Erbänderungen) und *zukunftsblinder* Auslese (Selektion) der Bestangepassten erworben. Hier wird wieder von Anpassungen gesprochen, die gerade nach dem evolutionären Denken eine besondere Rolle spielen: „Pflanzen passen sich an die Umwelt an." Diese Sichtweise wird den Beobachtungen – namentlich bei den Alpenblumen – keinesfalls gerecht, wie noch ausführlicher zu zeigen sein wird.

Nach einem Konzept, das aus der biblischen Schöpfungslehre abgeleitet ist, verdanken die Lebewesen ihre Fähigkeiten dem Schöpfer selbst, der ihnen

Floristen könnten es kaum schöner machen: Hübsche „Gestecke" aus Gletscher-Hahnenfuß *(Ranunculus glacialis)* und Alpen-Mannsschild *(Androsace alpina)* …

… und hier Moos-Steinbrech *(Saxifraga bryoides)* und Rundblättriger Enzian *(Gentiana orbicularis)* bringen Farbe in die Geröllhalden.

bereits bei der Schöpfung ihre Veranlagungen samt Variationsmöglichkeiten verliehen hat. Bereits im Schöpfungsbericht ist davon die Rede, dass den Pflanzen Samen und Früchte gegeben worden sind: *„Und die Erde brachte Gras hervor, Kraut, das Samen hervorbringt nach seiner Art …“* (1. Mose 1,12). Nachdem sie geschaffen sind, können sie also selbst für ihre weitere Existenz sorgen. Dabei wird den Pflanzen angesichts ihrer Fähigkeiten und Lebensstrategien nicht etwa ein eigener Wille zugeschrieben, sondern die Pflanzen können bewirken, was sie durch den Schöpfer zugeteilt bekommen haben. Auf den Schöpfungsaspekt werden wir in einem späteren Kapitel noch ausführlich zurückkommen.

Bevor auf die Schöpfungsthematik und die angerissenen Fragen eingegangen wird, sollen erst die „Akteure" und ihre Schöpfungsprogramme ausführlicher vorgestellt werden. Außerdem müssen wir uns mit ihrer „Lebensbühne" vertraut machen.

Durch vier Jahreszeiten an einem Tag

Mit der nötigen Kondition kann man es schaffen: an einem Tag vier Jahreszeiten zu erleben. Wir starten etwa im August auf einem 1200 Meter hoch gelegenen Bergdorf. Die umliegenden Wiesen zeigen sich in Hochsommerlaune. Pflanzen und Tiere unterscheiden sich noch nicht wesentlich von den Besiedlern der Tallagen. Beim Aufstieg ändert sich langsam

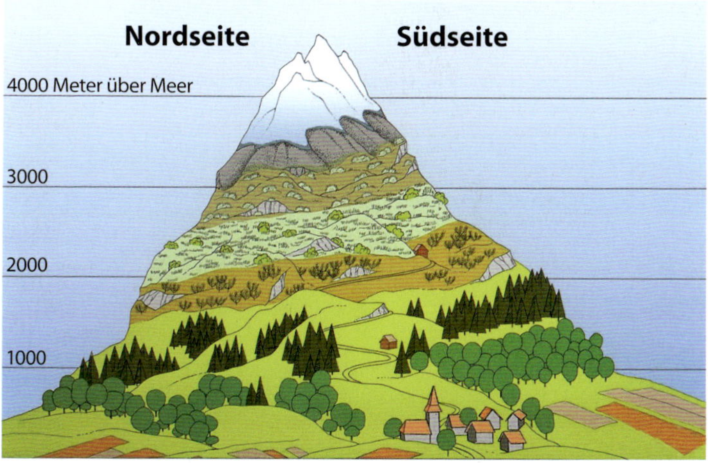

Klimatische Vegetationszonen: „Auf einer Distanz von nicht einmal 3000 Höhenmetern drängt der Berg, in welchem Bereich der Alpen auch immer er liegen mag, ‚Standorttypen' zusammen, die, vom Vertikalen ins Horizontale übertragen, in der Ebene viele Hunderte von Kilometern getrennt würden" (Engel 1987, S. 10).

Links: Sommer und „Winter" auf einen Blick: Im Hochgebirge stauchen sich die Jahreszeiten. Im Vordergrund leuchtet die Großblütige Gemswurz *(Doronicum grandiflorum)*.

das Bild. Spätestens wenn die Waldgrenze bei etwa 1800–2200 Metern erreicht ist, hat sich die Artenzusammensetzung deutlich gewandelt. Einen richtigen Sommer gibt es auf dieser Höhe nicht mehr, den Pflanzen müssen Frühling und Herbst genügen. Wem das zu kurz ist, scheidet aus. Dafür haben andere Arten ihren Lebensraum gerade hier, wo Konkurrenten der tieferen Lagen fehlen. Bald erreichen wir nun Höhen, wo Ende August der erste Wintereinbruch nicht mehr weit ist. Wir befinden uns im Herbst. Zahlreiche Arten wie etwa die Berg-Nelkenwurz *(Geum montanum)* mit ihren silbrigglänzenden Federschweifen stehen bereits in Fruchtreife oder kurz davor. An schattigen Stellen, die noch bis vor kurzem schneebedeckt waren, ist dagegen gerade erst der Frühling ausgebrochen. Kaum ist der Schnee verschwunden, stehen einige zarte Kräutlein wie z. B. die Soldanellen auf dem „Teppich". Wir werden diese „Schneetälchenflora" noch näher betrachten. Schließlich erreichen wir die Region, in der ewiger Schnee liegt und dauernder Winter herrscht, wo nur an exponierten Stellen, die länger schneefrei bleiben, noch Leben möglich ist. Der Naturforscher Conrad Gesner aus Zürich, der im 16. Jahrhundert gelebt hat, hat diesen Wechsel der Jahreszeiten in seiner „Descriptio Monti Fracti" treffend beschrieben:

Gletscher-Nelke *(Dianthus glacialis)*

„Auf der obersten Höhe herrscht ein beständiger Winter, Schnee, Eis und kalte Winde. Dann folgt die Frühlingsgegend, nach einem sehr langen Winter ein sehr kurzer Frühling." Etwas tiefer folgt *„die herbstliche Lage, in welcher drei Jahreszeiten vorkommen, Winter, Frühling und etwas Herbst, und endlich die unterste Tiefe, wo auch ein kurzer Sommer sich findet."*

Die Aus
der Alpen

rüstung blumen

Wer die Schönheit der Hochgebirgswelt erleben will, ist extremen Umweltbedingungen ausgesetzt und muss sich entsprechend ausrüsten. Der Wanderer in großen Höhen braucht ein solides und trittfestes Schuhwerk, warme, winddichte Kleidung, einen Trinkwasservorrat sowie passende Verpflegung. Falls er im Freien übernachtet, wären ein möglichst kuppelförmiges Zelt und ein Daunenschlafsack sehr zu empfehlen, wenn nicht sogar überlebensnotwendig. Aufgrund der belastenden Sonneneinstrahlung kann er auch auf Sonnencreme nicht verzichten. Damit sind wesentliche Gegebenheiten angesprochen, denen auch die Pflanzen mit entsprechender Ausrüstung begegnen müssen.

Das Gelände, auf dem die Pflanzen „Fuß fassen" müssen, ist oft sehr steil und unter Umständen „in Bewegung". Weiter sind sie enormen Temperaturunterschieden ausgesetzt. Während in der Ebene der Unterschied zwischen der Schattentemperatur und der Sonnentemperatur nur etwa 6 °C beträgt, kann diese Differenz auf 2500 Metern aufgrund der dünneren Luft auf über 30 °C steigen. Entsprechend sind auch die Temperaturunterschiede zwischen Tag und Nacht erheblich größer. Dazu kommen noch die Differenzen zwischen Winter und Sommer. Und zur Sommerhitze gesellt sich starke UV-Strahlung. Auch die Alpenblumen brauchen ihre „Sonnencreme"!

Fast allgegenwärtig ist der Wind mit seiner austrocknenden Wirkung. Mit dem Wasserhaushalt kann es kritisch werden. Zwar regnet es im Gebirge mehr als im Tiefland, aber der Boden bietet wegen des geringeren Humusanteils (oft fehlt er ganz) und der meist steilen Hanglage geringere Speichermöglichkeiten. Und während vieler Monate im Jahr ist der Boden ohnehin gefroren, sodass die Wasseraufnahme auf eine ziemlich kurze Vegetationsperiode beschränkt ist.

Gefragt sind daher vor allem eine feste Bodenverankerung, Schutz vor Austrocknung (Wind, Kälte), vor Erfrieren und vor übermäßiger Sonneneinstrahlung sowie Strategien zur optimalen Nutzung der kurzen Vegetationszeit.

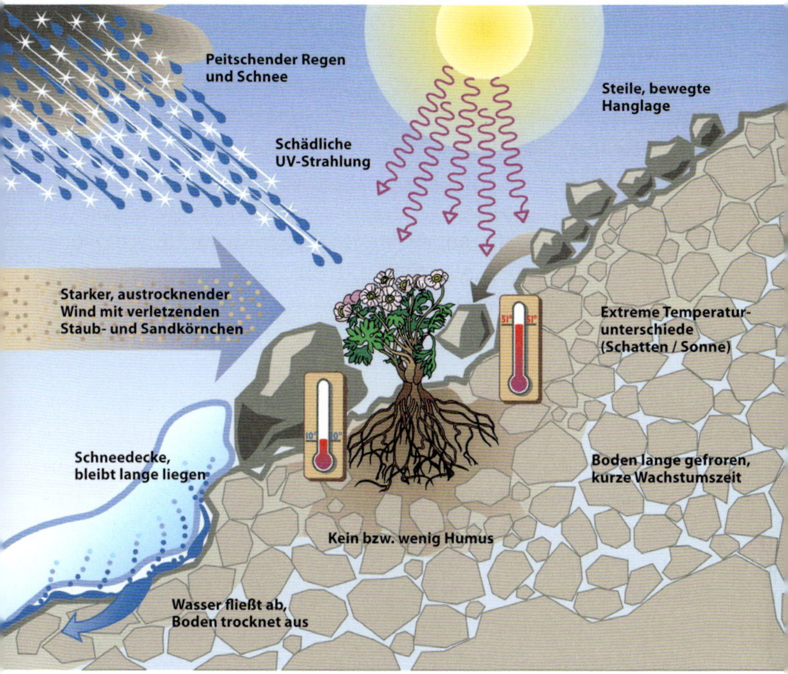

Die Umwelteinflüsse der Gebirgspflanzen. Oft wechselt das „Mikroklima" innerhalb weniger Meter, so z. B. zwischen sonnigen und schattigen Stellen. Der deutlich fühlbare Temperaturunterschied zwischen schattigen und sonnigen Stellen „steigert sich noch mit zunehmender Höhe, denn während die Temperaturen im Schatten mit steigender Höhe abnehmen, steigen sie in besonnten Gebieten. So kann man zum Beispiel auf dem Säntisgipfel (2500 m) im Juni 51 Grad in der Sonne und zur gleichen Zeit etwa 10 Grad im Schatten messen, und auf dem Bernina-Hospiz (2300 m) wurde im März eine Temperatur von 60 Grad in der Sonne und null Grad im Schatten registriert" (Danesch & Danesch 1981, S. 79).

Der Wind, der für die Alpenpflanzen recht bedrohlich sein kann, bringt auch gewisse Vorteile: Die beträchtlichen Staubmengen – zwischen 8–18 Tonnen pro Jahr und Hektar (0,8–1,8 kg/m²!), die vom Wind herangeblasen werden – sind für die Ernährung der Pflanzen von großer Bedeutung (Engel 1987, S. 34).

Die Alpenflora ist wie der Alpinist mit einer entsprechenden Ausrüstung ausgestattet. Einige dieser Einrichtungen sind in typischer Weise auch an verschiedenen Standorttypen immer wieder anzutreffen. Sie werden im Folgenden anhand einiger faszinierender Beispiele illustriert. Der aufmerksame Leser wird vielleicht an manche eigene Beobachtungen erinnert oder angeregt, bei der nächsten Wanderung in entsprechenden Gegenden auf diese und ähnliche Zusammenhänge vermehrt zu achten.

Klein, aber fein: Zwergwuchs

Ein ganz typisches Merkmal der Alpenpflanzen ist der Zwergwuchs. Gegenüber den Vertretern tieferer Lagen erscheinen sie manchmal geradezu miniaturisiert. Oftmals sind die Pflanzen dicht dem Boden angeschmiegt. Eine Ausnahme bilden dabei allerdings die Blüten, die in der Regel genauso groß sind wie sonst. Dadurch fallen sie den Insekten, die die Bestäubung ermöglichen, gegenüber den relativ kleineren Blättern umso mehr auf.

Die Alpen-Margerite *(Chrysanthemum alpinum)* im Vergleich zu ihrer Verwandten: der Gewöhnlichen Margerite *(Ch. leucantheum)*.

Die Hohe Schlüsselblume *(Primula elatior*, links*)* und die Zwergprimel *(Primula minima)* lassen stellvertretend die unterschiedlichen Wuchsformen von Tiefland- und Alpenpflanzen erkennen. Im Hochgebirge ist der Stängel kurz, und die Blätter sind klein. Dadurch wird eine geringere Fläche dem austrocknenden und beschädigenden Wind ausgesetzt. Was überirdisch gespart wird, investiert die Pflanze ins Wurzelwerk, damit während der kurzen Zeit, wo der Boden im Hochgebirge nicht gefroren ist, möglichst viel Wasser bzw. Nährstoffe aufgenommen werden können. Relativ wenig variabel ist dagegen die Größe der Blüten. Aufgrund der kleinen Größe der Blätter fallen sie im Gebirge den bestäubenden Insekten um so mehr auf bzw. erfreuen uns Menschen, was bestimmt genauso in der Absicht des Schöpfers liegt. (Nach Reisigl & Keller 1987, S. 28)

Der Zwergwuchs ist angesichts starker Winde und großer Winterkälte sehr vorteilhaft. Schon eine windgefegte und daher dünne Schneedecke kann die „sich duckenden“ Pflanzen vor Kälte schützen. Umgekehrt kann die bei Sonnenstrahlung in Bodennähe relativ hohe Temperatur optimal ausgenutzt werden.

Einmal hochgestreckt – einmal geduckt: Klatschmohn *(Papaver rhoeas)* und Alpenmohn *(Papaver alpinum)*. Pflanzen des Tieflands sind im Vergleich zu nahe verwandten Alpenarten in der Regel viel hochwüchsiger.

Der Vergleich der Alpenpflanzen mit den Ebenenpflanzen erweist nicht nur die Miniaturisierung, sondern auch den auffallenden Befund, dass wir es größtenteils mit Pflanzentypen zu tun haben, die wir aus der Ebene kennen. So gibt es Alpen-Margeriten, das Alpen-Vergissmeinnicht, Alpen-Klee, Alpen-Hahnenfuß, Alpen-Mohn, Alpen-Leinkraut, alpine Arten von Glockenblumen, Teufelskrallen, Nelken usw., um nur einige bekanntere Typen zu nennen. Das heißt: Anhand der Blüten und Früchte, den für die Klassifikation bedeutendsten Organen der Pflanzen, unterscheiden sich Alpen- und Tieflandpflanzen nur recht wenig. Eine Konstanz von Typen ist erkennbar. Die Unterschiede betreffen im Wesentlichen die vegetativen Teile, also den Bau des Pflanzenkörpers, seiner Blätter und Wurzeln, den sogenannten Habitus, das Gesamterscheinungsbild.

Vor dem Wind in Deckung gehen: Polsterpflanzen

Perfektioniert ist das Prinzip Zwergwuchs bei Polsterpflanzen. Durch das dichtgedrängte Zusammenlagern der Triebe kann die Verdunstung stark herabgesetzt werden; darüber hinaus wirken die Polster wie ein Schwamm, können also ohne spezielles Gewebe einen Wasserspeicher bilden.

Die Teppich-Weide *(Salix retusa)* macht ihrem Namen alle Ehre.

Den Alpen-Mannsschild haben wir schon als Gipfelstürmer kennengelernt (S. 13). Er bildet kleine, lockere, dem Boden angeschmiegte Polster. Die ganze Pflanze ist mit verzweigten Sternhaaren besetzt (Verdunstungsschutz – Wind!). Im Herbst entstehen an den Zweigenden dichte Blattrosetten. Sie überwintern immergrün und schützen die fortwachsende Endknospe, die im nächsten Jahr Blüten trägt. Diese Merkmale sowie der Zwergwuchs, eine tiefreichende Wurzel und die Besiedlung von im Winter schneegeschützten Lagen ermöglicht dieser hübschen Pflanze das Leben in eisigen Höhen – hier auf 2700 m.

Durch die dem Boden angeschmiegte Lebensweise können auch Holzgewächse weit oberhalb der Baumgrenze vorkommen, besonders die Zwergweiden. So kann die Teppich-Weide (*Salix retusa*; auch „Stumpfblättrige Weide“ genannt) felsigen Boden vollständig überwuchern und ihm wie ein Pfannkuchen aufliegen. Diese Art ist in ihrer Lebensweise recht flexibel; sie kann auch größere Felsen überwachsen.

Während die oberirdischen Teile also auf Sparflamme ausgebildet werden, ist unter der Oberfläche umso mehr los. Der Wasserknappheit muss durch ein stark ausgebildetes *Wurzelwerk* begegnet werden. Besonders Schutt- und Felspflanzen bilden auch lange Pfahlwurzeln.

Das Stängellose Leimkraut *(Silene acaulis)* als Polster ...

... und als Polster in Auflösung (infolge hoher Feuchtigkeit des Standortes). Der „Stängellose" erhält doch Stängel!

Was in den Pflanzen steckt

Um die Anpassungsmöglichkeiten der Pflanzen besser zu verstehen, wollen wir einen Blick „hinter die Kulissen“ werfen und einige physiologische Zusammenhänge beleuchten.

Sonnenlicht und die Produktion von Pflanzenzucker

Höhenluft lässt mehr *Rotlicht* durch, da sie dünner ist als die Luft in der Ebene (das Licht im Flachland ist eher diffus). Rotlicht regt aber allgemein die *Produktion von Pflanzenzucker* (Assimilation) stark an, was bei Alpenpflanzen während der Vegetationszeit zu einer Überproduktion führt. Wegen der kalten Nächte in den höheren Regionen kann dieser „überflüssige“ Zucker nicht schnell genug in den Vorratsstoff Stärke umgewandelt werden. Deshalb bleibt der Zucker ungelöst in den Pflanzenzellen, wo er aber besondere, vorteilhafte Vorgänge begünstigt.

Sonnenlicht und Produktion von Pflanzenzucker. Erstaunliche physiologische Zusammenhänge sichern das Überleben im Hochgebirge (Erläuterungen im Text).

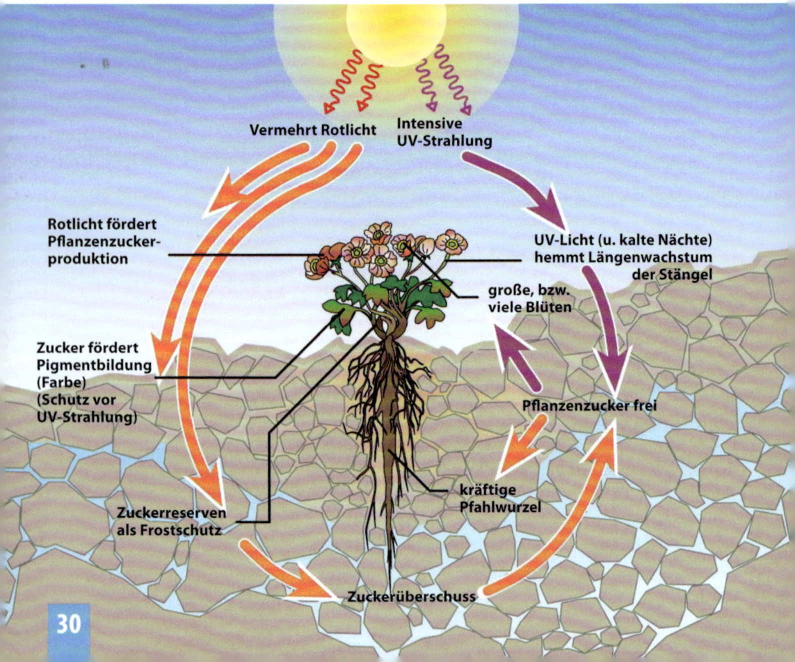

Oberirdisch sparsam – unterirdisch reichlich

Rundblättriger Enzian *(Gentiana orbicularis)* auf 2660 m im Berninagebiet. Im Gegensatz zu seinen Tieflandverwandten wächst er infolge der Trockenheit des Standorts als Polster.

Die durch das Rotlicht ausgelöste hochkonzentrierte Zuckerlösung fördert das Pflanzenwachstum, quasi als Ausgleich für die kurze Vegetationszeit. Da aber, wie wir sehen werden, das Längenwachstum der oberirdischen Pflanzenteile gleichzeitig stark gehemmt wird, fließt umso mehr Energie in den Ausbau der unterirdischen Teile. Damit hängt die Ausbildung der unverhältnismäßig dicken Pfahlwurzel bzw.

Der Aufbau des Rundblättrigen Enzians (*Gentiana orbicularis*, rechts) gleicht den hochwüchsigeren Enzianarten, wie der Vergleich mit dem Gefransten Enzian (*Gentiana ciliata*, links) zeigt. Das Längenwachstum des Stängels ist jedoch extrem reduziert, was zur Bildung von Blattrosetten führt.

übermäßig ausgedehnten Wurzelgeflechte vieler relativ zierlicher Alpenpflanzen zusammen.

Der Bock wird zum Gärtner gemacht

Das intensive Höhenlicht setzt sich aber nicht nur aus Rotlicht, sondern u. a. auch aus einem hohen Anteil an potenziell schädlichen UV-Strahlen zusammen. Ultraviolettes (UV) Licht zerstört aber teilweise einen bestimmten Wuchsstoff, der das Längenwachstum der Pflanzen auslöst (vgl. Danesch & Danesch 1981). Das daraus resultierende Bremsen des Wachstums der Pflanzenstängel und Äste zusammen mit der wachstumshemmenden Wirkung der nächtlichen Kälte ist für den Zwergwuchs und für die Polsterbildung weitgehend verantwortlich. Was unter anderen Umständen nachteilig wäre, erweist sich unter hochalpinen Bedingungen als vorteilhaft. Wir können nur staunen: Offenbar hat der Schöpfer die Pflanzen mit programmierten Fähigkeiten ausgestattet, die es ihnen ermöglichen, durch die raffinierte Wechselwirkung von Anpassungsmöglichkeiten und Umweltbedingungen potenziell negative Einflüsse ins Positive umzumünzen.

Dadurch, dass nur das Streckenwachstum gebremst wird, ermöglicht der Zuckerüberfluss auch die Ausbildung unverhältnismäßig großer Blüten oder auch von sehr vielen kleinen Blüten. Manchmal sind es mehr als hundert Blüten an einer relativ kleinen Pflanze.

Frostschutz auch bei Alpenpflanzen

Der durch intensives Rotlicht hervorgerufene Zuckerüberschuss hat im weiteren für die der nächtlichen und winterlichen Kälte ausgesetzten Pflanzen einen weiteren wesentlichen Vorteil: Frostschutz! Der hohe Anteil des Zuckers setzt den Gefrierpunkt des Zellsaftes wesentlich herab, was auch ein Überstehen der klirrenden Kälte hochsommerlicher Frosteinbrüche ermöglicht. Der Kältetod ist allerdings kein Erfrieren, sondern ein langsames Vertrocknen (Frosttrocknis).

Rot überlaufene Blätter eines Heidelbeerstrauchs auf über 2000 m Höhe: Anzeichen eines UV-Schutzes.

Der „Bräunungseffekt“: die Farbenpracht der Alpenblumen

Bei vielen Menschen gilt eine nicht übertriebene Hautbräunung als besonders attraktiv. Sie ist aber eigentlich eine Art Schutz vor Überstrahlung, und auf ähnliche Weise wirken die recht knalligen Blüten- bzw. Blatt- und Stängelfarben mancher Alpenpflanzen. Auf der einen Seite erfreuen wir uns an diesen reizvollen leuchtenden Farben, was bestimmt auch ein Zweck des Schöpfers war, aber im besonderen Maß bieten die Farbpigmente einen wirksamen Schutz vor einer allzuhohen *Dosis* UV-Strahlung. Der Bremer Biologe H. Panten z. B. hat im Kaukasus zwischen 1500 und 3000 m Höhe Wildkräuter gesammelt und analysiert.[1] Die Pflanzen aus den höchsten Lagen hatten fast 25% mehr Pigment als die Talpflanzen. Nicht mehr der Höhenstrahlung ausgesetzt, wirkt die Alpenflora in den botanischen Schaugärten des Tieflandes deshalb oft enttäuschend fade!

Auch hier hängt diese Farbenpracht mit der durch intensive Rotlichteinstrahlung bewirkten Überproduktion von Pflanzenzucker zusammen. Der nicht in Pflanzenstärke umgewandelte Restzucker fördert nämlich auch den Aufbau bestimmter Farbpigmente (Rot, Blau, Violett). Man ist fast geneigt, von Sonnenbrand zu sprechen, doch ist diese Farbenpracht im Gegensatz zum Sonnenbrand nicht das Ergebnis einer Schädigung.

In ein dichtes Haarkleid eingehüllt: das „Wahrzeichen" der Alpenflora, das Edelweiß *(Leontopodium alpinum)*.

Die „Sonnencreme" der Pflanzen: Behaarung

Ein weiteres verbreitetes Merkmal ist die starke Behaarung von Stängel, Blättern oder sogar Blüten. Sie hat verschiedene Effekte. Haare schützen vor Austrocknung, denn sie bilden windstille Räume. Ohne den Schutz der Haare würde die leisteste Windbewegung das aus dem Blatt gasförmig austretende Wasser fortreißen. Es handelt sich sozusagen um einen Pullover-Effekt. Da die Haare in der Regel recht hell bzw. glänzend sind und daher Sonnenstrahlen reflektieren, dienen sie wahrscheinlich auch als Schutz gegen UV-Strahlung. Auch das Merkmal der Behaarung findet sich oft in den Namensgebungen wieder: *Zottiges*

Wie kümmerlich! Eine Edelweißpflanze „mit bester Pflege" im Botanischen Garten der Universität Zürich. Dadurch, dass die Pflanzen in Tieflagen (in Zürich ca. 500 m) höher wachsen (geringere Wuchsstauchung wegen geringerem UV-Licht), liegen die weißen Haare weniger dicht beisammen, sodass die Hochblätter vergrünt und vergilbt wirken.

Unterschiedliche Behaarung bei (v. l.) Hoppes Ruhrkraut *(Gnaphalium hoppeanum)*, Einblütigem Berufkraut *(Erigeron uniflorus)* und Mannsschild-Steinbrech *(Saxifraga androsacea)*.

Habichtskraut, *Behaarte* Primel, *Bewimperter* Mannsschild, *Filziges* Ruhrkraut, *Graues* Greiskraut (grau durch dicht-filzige Behaarung), *Spinnweben*-Hauswurz (bildet mit dicht geflochtenen Haarfäden überzogene Rosetten) usw. Es handelt sich sozusagen um die Sonnencreme der Pflanzen. Allerdings gibt es auch auffällige Ausnahmen wie ausgerechnet der höhenrekordverdächtige Gletscher-Hahnenfuß, der keinerlei Behaarung aufweist (außer an den Kelchblättern). Es bleibt vorerst sein Geheimnis, was ihn trotzdem befähigt, geradezu saftstrotzend auf Geröll in höchsten Lagen zu gedeihen.

Eine „feine Dame" im Pelz: die Berg-Küchenschelle *(Pulsatilla montana)*.

Trinken, bevor das Wasser knapp wird

Eine weitere Möglichkeit, effektiv mit dem knappen Wasser zu haushalten, besteht in der Ausbildung fleischiger, wasserspeichernder Organe *(Sukkulenz)*. Das Sukkulenzprinzip ist jedem von den Kakteen bekannt, findet sich aber – meist in weniger extremer Form – auch bei zahlreichen anderen Arten, so auch bei manchen alpinen. So besitzen die wunderschön rotblühenden Hauswurz-Arten im Innern ihrer fleischigen Blätter Wassergewebe, die durch eine derbe Oberhaut und eingesenkte Spaltöffnungen vor Verdunstung geschützt sind. Bei der Spinnweben-Hauswurz *(Sempervivum arachnoideum)* bieten wie geschildert lange Wollhaare eine zusätzliche Verstärkung des Verdunstungsschutzes. Auf fast kahlen, heißen Felsen kann sie ihr Dasein fristen. Eine besondere Anpassung an ihren Standort ist die Fortplanzungsmöglichkeit durch Abrollen der kugeligen Rosettchen, die anderswo wieder wurzeln können. Sie können auch über gefrorene Schneedecken vom Wind verfrachtet werden. Den lateinischen Namen *Sempervivum* („Immerlebend") trägt diese ungemein zähe Pflanze also zu Recht.

Dreifach-Strategie gegen Trockenheit bei der Spinnweben-Hauswurz *(Sempervivum arachnoideum)*: fleischige Blätter, Rosettenbildung und weiße Behaarung. Selbst Felsplatten werden oft mit Hunderten von dichtgedrängten Rosettenkugeln besiedelt. Manchmal lösen sie sich, rollen weg (der Wind „hilft nach"!) und wurzeln anderswo wieder ein.

„Rote Perlen“ auf kargem Untergrund: Die Berg-Hauswurz *(Sempervivum montanum)* mit sukkulenten Blättern.

Fleischige Blätter besitzt auch der Alpen-Mauerpfeffer bzw. die Alpen-Fetthenne *(Sedum alpestre)*.

Alles oder nichts

Als Folge der kurzen Vegetationsperiode treten die einjährigen Pflanzen in größeren Höhen zurück. Einjährige Pflanzen können nur durch ihre Samen überwintern; sie müssen also während einer einzigen Vegetationsperiode keimen, blühen und fruchten. Im Tiefland ist das kein Problem; dort sind ca. 1/3 der Kräuter Einjährige, vor allem Ackerunkräuter und Besiedler von Ödland. Im Hochgebirge müssen die Pflanzen dagegen geradezu Sparsamkeitskünstler sein, um den ganzen Lebenszyklus in wenigen Wochen – dazu noch unterbrochen durch Schlechtwetterphasen – über die Runden zu bringen. Einige wenige Arten (nämlich 6 % der echten alpinen Formen) schaffen es aber tatsächlich. Dazu gehört der Zwerg-Augentrost *(Euphrasia minima)*, der nur einige Zentimeter groß wird und auch die Blüten nur in winziger Ausfertigung ausbildet. Der Zwerg-Augentrost

Alles ist „mini“ beim unscheinbaren Zwerg-Augentrost *(Euphrasia minima)*.

Als Halbschmarotzer befestigt sich der Zwerg-Augentrost an Wurzeln anderer Pflanzen (s. Nadelspitze), um ihnen Wasser und Nährsalze zu entziehen. Auf diese Weise hilft er sich, um während der wenigen Monate seines aktiven Daseins das Leben zu meistern.

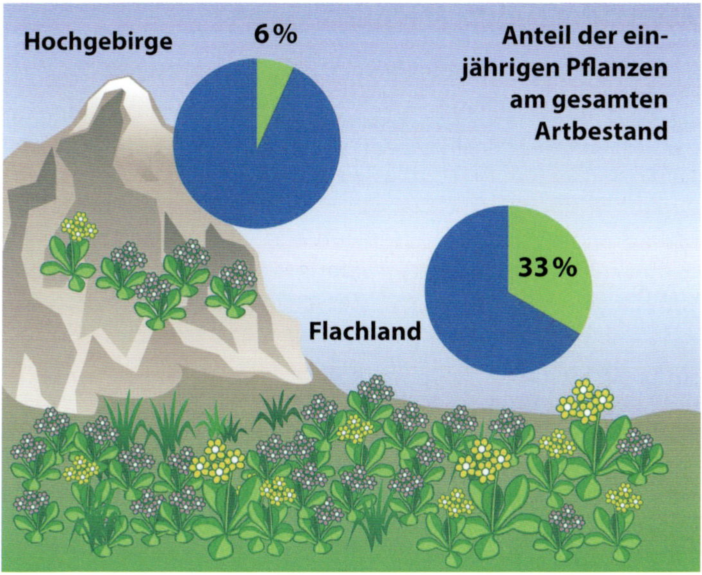

verfügt über eine ökonomische Strategie: Er verstaut einen Großteil seiner Substanz in die wenigen Samen, die er bildet, sodass im Extremfall bis zu 2/5 des Körpergewichts in die Samen gepackt werden. Auf diese Weise ist es diesem Winzling möglich, mit einer ordentlichen Portion im neuen Jahr den Lebenszyklus zu starten. Relativ zur Größe der ganzen Pflanze nehmen sich seine Früchte riesig aus, in der Relation etwa so, wie wenn Tomaten Kürbisse als Früchte hätten.

Was die relative Größe der Früchte anbelangt, ist der Zwerg-Augentrost aber ganz „maxi"! In derselben Relation würden Tomaten kürbisgroße Früchte tragen!

Auch der Langsame kommt voran

Was die Einjährigen an Vorrat in ihre Samen konzentrieren müssen, legen sich die Mehrjährigen in unterirdischen Speichergeweben an. Viele Arten besitzen einen verdickten unterirdischen Spross *(Rhizom)*, in dem die nötigen Stoffe während des kurzen „Bergsommers" (einen richtigen Sommer gibt es ja eigentlich nicht) angesammelt und für das Austreiben im nächsten Jahr bereitgehalten werden. Eine ähnliche Strategie besitzen übrigens die Frühblüher in Laubwäldern, denen ebenfalls nur ein Frühjahr für das Austreiben bis zum Fruchten zur Verfügung steht. Ab Mitte Mai schließt sich dort das Laubdach, sodass das Licht vielen Kräutern auf dem Waldboden nicht mehr ausreicht.

Die an der Stängelbasis *absterbenden Blätter* werden im Gebirge meist nicht abgeworfen, sondern bleiben als Kälte- und Steinschlagschutz für die jungen Triebe erhalten.

Nachdem wir uns mit den allgemeinen Umweltbedingungen und den Überlebenseinrichtungen der Alpenpflanzen vertraut gemacht haben, wollen wir nun untersuchen, wie in typisch alpinen Lebensräumen diese Strategien zum Einsatz kommen.

Typisch für Alpenpflanzen: Die abgestorbenen Blätter bleiben am Stängel – hier bei der Behaarten Primel *(Primula hirsuta)* – und schützen die Knospen und jungen Triebe vor dem harten Frost.

Gut zu sehen sind die schützenden abgestorbenen Blattreste der Behaarten Primel *(Primula hirsuta)*.

Der unterirdische Spross bzw. das Rhizom des Punktierten Enzians *(Gentiana punctata)* in schematischer Darstellung. Rechts die prächtige Pflanze in Blüte.

Spezia und Extr

listen emisten

Leben auf dem Schutt

Am Lunghin-Pass (Oberengadin) tummeln sich die Schuttliebhaber – allerdings sind sie aus der Ferne kaum auszumachen. Viele Wanderer passieren solche „grauen Einöden", ohne ihre Schätze zu entdecken.

Oft einsam, aber mit Hilfe unter- und oberirdischer Ausläufer sehr erfolgreich im Erobern von Grobschutthalden: Die Kriechende Nelkenwurz *(Geum reptans)*.

Die Steinwüste lebt! Zahlreiche Polster des Rundblättrigen Enzians (*Gentiana orbicularis*) und des Einblütigen Hornkrauts *(Cerastium uniflorum)* verwandeln eintöniges Grau in einen bunten Garten.

Was aus der Ferne den Eindruck einer trostlos grauen Einöde macht, birgt bei Nähe betrachtet oftmals eine überraschende Vielfalt und Farbenfülle. Ein Gang durch eine Schutthalde oder an einem Moränenwall kann ein Erlebnis besonderer Art sein.

Wiederholt auftretende Rutschungen, Steinschlag, Feinerde- und Wasserarmut machen den Pflanzen hier das Leben schwer. Eine Reihe von Polsterpflanzen und Schuttspezialisten ist jedoch optimal darauf eingerichtet, mit den widrigen Bedingungen zurechtzukommen. Dabei bilden verschiedene Arten oft

Kräftiger Farbtupfer: der Gegenblättige Steinbrech *(Saxifraga oppositifolia)*

Für das Alpen-Leinkraut *(Linaria alpina)* ist der schlaffe Wuchs gerade das Richtige, um mit den Geröllbewegungen zurechtzukommen. Die Stängel sind biegsam wie Kabel.

geschmackvolle Farbkombinationen. Kein Gärtner könnte schönere „Gestecke“ zusammenstellen. Die Schuttflora vereinigt in einzigartiger Weise Schönheit, Zweckmäßigkeit und Vitalität.

Den schwierigen Lebensbedingungen begegnen die Pflanzen mit unterschiedlichen Strategien. Vom Gesichtspunkt des Betrachters scheinen manche Arten den Schutthängen mehr und andere weniger „Widerstand“ zu bieten. In jedem Fall aber ist die angewandte „Taktik“ äußerst wirksam! Langsam, aber sicher wird manch schweriger Hang bewältigt.

Auf den Schweizer Alpenbotaniker Carl Schröter geht die nachfolgende Klassifikation der Schutthaldenstrategien zurück. Schröters Alpenpflanzen-Monographie von 1926 gilt als der letzte große Klas-

Felsbrocken und Pflanze (Alpen-Leinkraut) bilden eine harmonische Einheit. Kein Gärtner könnte es besser machen.

siker der Alpenflora-Literatur, in der in umfassender Weise die alpinen Arten beschrieben werden. SCHRÖTER hat die Schutthaldenflora in folgende fünf Gruppen eingeteilt (wobei manche Arten gleichzeitig mehrere Strategien verwirklichen oder nicht eindeutig zuzuordnen sind):

- Recht schlaff wirken die **Schuttüberkriecher**. Sie bilden von einem Punkt ausgehend mehrere Triebe, mit denen sie lose und schlaff dem Geröll aufliegen. Werden sie überschüttet, beginnen sie von neuem zu wachsen, bis sie wieder ans Tageslicht gelangen. Auf diese Weise können sie ihren Stängel immer wieder verlängern. Vielleicht der typischste Vertreter dieser Gruppe ist das Alpen-Leinkraut *(Linaria alpina)*, dessen violette Blüten mit orangem Maskenfleck (s. S. 46) richtige „Juwelen" im grauen Schutt darstellen. Das Alpen-Leinkraut ist kaum irgendwo anzutreffen, ohne dass es bereits teilweise überschüttet wäre. Ein paar Steine weggeräumt – und schon tauchen bleiche Stängel und Blätter auf, die vom Sonnenlicht abgeschnitten waren. Da die Stängel kabelartig biegbar sind, überstehen sich den Steinschlag. Wo der Schutt zur Ruhe gekommen ist, breitet sich oft auf ähnliche Weise das Einblütige Hornkraut *(Cerastium uniflorum)* aus.

Das Rundblättrige Hellerkraut *(Thlaspi rotundifolium)* bzw. Täschelkraut gibt sich weitgehend bedeckt: der größte Teil der Pflanze ist im Geröll verborgen. Nur die Blütenköpfe und die obersten Triebe gelangen an die Oberfläche.

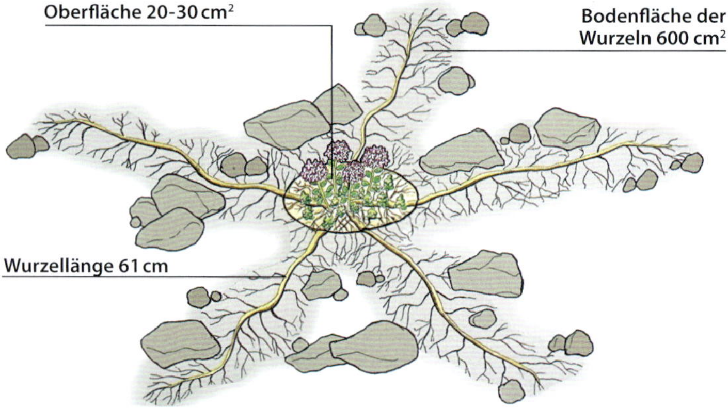

• Zu den **Schuttwanderern** gehört z. B. die Kriechende Nelkenwurz *(Geum reptans)* und das rosablühende Rundblättrige Heller- oder Täschelkraut *(Thlaspi rotundifolium)*. Die zu dieser Gruppe gehörenden Pflanzen senden vom Wurzelhals aus zahlreiche Triebe durch die Schuttdecke hinauf, welche sich da und dort ans Licht emporarbeiten, um Blätter und Blüten zu bilden. Wenn auch oberflächlich von diesen Pflanzen nicht viel zu sehen ist, so spielt sich doch unter der Schuttdecke ein harter Konkurrenzkampf zwischen den einzelnen Artgenossen ab. Beim Hellerkraut wurde von einer Gruppe von vier oberirisch

Das Einblütige Hornkraut *(Cerastium uniflorum)* besiedelt ruhenden Schutt (im Hintergrund: Gletscher-Hahnenfuß).

sichtbaren Grüppchen das Wurzelwerk genau untersucht. Es stellte sich heraus, dass sie alle zur selben Pflanze gehörten, deren Wurzelwerk 600 cm^3 für sich beanspruchte – der Vergleich mit der Spitze des Eisbergs drängt sich hier auf.

- Auf wieder andere Weise behauptet sich eine dritte Gruppe von Schuttspezialisten, die **Schuttdecker**: sie bilden kleine Rasenstücke durch Bewurzelung der Zweiglein und bilden so feste Inseln auf dem lockeren Untergrund. Zu den Schuttdeckern gehören z. B. der dunkelrot blühende Gegenblättrige Steinbrech *(Saxifraga oppositifolia)* oder das schon erwähnte Einblütige Hornkraut *(Cerastium uniflorum)*, das über mehrere Strategien gleichzeitig verfügt.
- Zur vierten Gruppe, den **Schuttstauern**, zählt der „König der Alpen", der Gletscher-Hahnenfuß, der als „Rekord-Gipfelstürmer" in Höhen bis über 4000 Metern wächst! Sein liegender Stängel kann den Schutt überkriechen oder sich durch ihn hindurchzwängen und sich so gegen das Geschiebe stemmen. Ein kräftiges Bündel von Stängeln kann den Schutt aufhalten. Die Wurzeln verlaufen strahlenförmig nach allen Richtungen schräg in das Geröll hinein, so dass die Pflanze geradezu „felsenfest" verankert wird. Wie der Gletscher-Hahnenfuß jedoch die extremen Fröste in diesen Höhen übersteht, ist bis zum heutigen

Dicht zusammenhängende, zähe Stängel des Gletscher-Hahnenfußes *(Ranunculus glacialis)* ermöglichen eine Stauwirkung gegen herab rutschendes Geröll.

Tage „sein“ Geheimnis: Er hat jedenfalls keinerlei erkennbare Anpassungen an die Unbilden des hochalpinen Klimas. Seine Stängel sind saftstrotzend, dick und meist kahl. Für die heranreifenden Samen dürfte ein gewisser Schutz wenigstens darin liegen, dass – wie sonst bei keiner anderen Hahnenfußart – Kelch und Blütenkrone nach dem Verblühen erhalten bleiben. Die anfänglich schneeweißen Blüten verfärben sich dabei allmählich über blassrosa kräftig karminrot.

• Die **Schuttstrecker** schließlich sind relativ hochwüchsig und strecken sich mit einigen wenigen kräftigen Stängeln durch

1 Schuttüberkriecher: Alpen-Leinkraut

2 Schuttwanderer: Kriechende Nelkenwurz

Mit zunehmender Blühzeit werden die Blüten des Gletscher-Hahnenfußes immer dunkler, von anfangs schneeweiß bis karminrot.

den Schutt, setzen ihm aber nur wenig Widerstand entgegen, sondern lassen das Geröll hindurchrutschen. Markante Vertreter dieser Gruppe sind einige Gemswurzarten (Gattung *Doronicum*). Hierzu ist auch die mit großblumigen, gelben Blüten ausgestattete Kriechende Nelkenwurz *(Geum reptans)* zu rechnen. An manchen Stellen übersät diese Pflanze das kahle Geröll mit gelben Farbtupfern. Sie ist dank ihrer langen Ausläufer, die sie als einzige Art ihrer Gattung bildet, zugleich auch ein Schuttwanderer. Abgestorbene Blatteile schützen die lebenden Teile bei Steinschlag vor Verletzung (vgl. S. 40, 41). Die Blüten sind nur relativ kurz gestielt und bleiben zunächst dicht am Boden, doch wachsen sie bei Fruchtreife in die Höhe, so dass die als Federschweifflieger ausgebildeten Früchtchen leichter vom Wind erfasst und weggeweht werden können (s. S. 82). Die Kriechende Nelkenwurz steigt nur selten unter 2200 m herab.

5 Schuttstrecker: Großblütige Gemswurz

3 Schuttdecker: Einblütiges Hornkraut

4 Schuttstauer: Gletscher-Hahnenfuß

Die kräftigen Stängel der unter den hochalpinen Pflanzen ungewöhnlich hochwüchsigen Gemswurz *(Doronicum)* lassen das Geröll passieren.

Sofort nach der Schneeschmelze treten die zarten Eisglöckchen *(Soldanella pusilla)* meist massenhaft aufund bieten dann herrliche Anblicke.

Leben am Rande des Existenzminimums

Gewöhnlich wird die Baumgrenze in den Alpen zwischen 1800 und 2200 m angegeben. Tatsächlich schafft es jedoch ein ganz sonderbares Gehölz, bis in Höhen von 3300 Metern vorzudringen! Sein Trick: Der Stamm und fast das gesamte Geäst befinden sich im Boden und sind dadurch geschützt, nur die Zweigenden schauen heraus: Die Rede ist vom „kleinsten unter allen Bäumen“ (wie der große Systematiker LINNÉ ihn nannte), der Kraut-Weide *(Salix herbacea)*. Sie gedeiht in sogenannten „Schneetälchen“ (oder auf „Schneeböden“), das sind schattige, feinerdereiche Mulden, in denen der Schnee spät schmilzt und wo daher den Pflanzen nur eine sehr kurze Vegetationszeit zur Verfügung steht. Der Frühling beginnt hier erst im Juli oder August (vgl. S. 17-19) und fällt in manchen Jahren ganz aus.

Einen ähnlichen Lebensraum besiedelt die Teppich-Weide *(Salix retusa)*, die aber überirdische Triebe hat und Felsen und Schutt überwachsen kann. Diese sog.

Lange voraus „denkt“ die Netz-Weide *(Salix reticulata)*. Die Kätzchenknospen werden schon 2½ Jahre vor dem Austreiben angelegt.

Gletscherweiden legen die Knospen bereits 2½ Jahre vor ihrer Entfaltung an – eine Strategie zur optimalen Nutzung der kurzen Vegetationszeit. Was andere Gewächse während eines Jahres schaffen, muss hier auf mehrere Jahre verteilt werden.

Die Schneetälchenpflanzen ruhen nicht vollständig, solange sie noch vom Schnee bedeckt sind. Sie können noch unter einer Schneedecke von 20–30 Zentimetern assimilieren, d. h. das Sonnenlicht zum Aufbau von Pflanzensubstanz verwerten. Knospen und Blüten sind schon fertig ausgebildet, bevor sie der Schnee freigibt. Die Alpenglöckchen *(Soldanella)* können sogar unter dem Schnee und blühen und diesen durchstoßen. Schneeböden sind daher unmittelbar nach dem Rückzug des Schnees schon übersät mit den Soldanellen, denen öfter auch der Alpen-Hahnenfuß *(Ranunculus alpestre)*, die Ganzrandige Primel *(Primula integrifolia)* und andere Arten folgen.

Die Zweigenden der Kraut-Weide *(Salix herbacea)* haben sich über den Erdboden erhoben. Stamm und Äste dieser charakteristischen Schneetälchenpflanze wachsen im Schutz des Bodens. Die Früchte sind schon reif und entlassen behaarte Samen.

Ohne eine tiefe Pfahlwurzel wäre ein saftiges Blühen in einer solchen Lage kaum denkbar: Der Gegenblättrige Steinbrech *(Saxifraga oppositifolia)* besiedelt auch Geröll.

Leben in haarfeinen Spalten

Wir wechseln bei unserem Ausflug noch einmal den Lebensraum, um uns einem anderen Extrem zuzuwenden, den Felsen. Auf den ersten Blick erscheinen sie uns völlig kahl. Wochenlang kann hier extreme Trockenheit herrschen, und durch das Fehlen einer Schneedecke wirken sich die Winterkälte und Temperaturschwankungen ungedämpft aus. Andererseits kommt die gute Wärmeleitfähigkeit des Gesteins den Pflanzen zugute: Wärme kann tiefer eindringen und sich länger halten als im lockeren Erdreich. Die Felstemperatur kann an Sonnentagen mehr als 20 °C über der Lufttemperatur liegen. Die äußerliche Wasserarmut täuscht allerdings: In Ritzen und Spalten kann eine Menge Feuchtigkeit gespeichert werden.

Die leuchtend gelb blühende Alpen-Aurikel *(Primula auricula)* ist eine Felspflanze, sie kann aber auch in die Schuttböden und Rasen (s. S. 71) hineinwachsen. Ihre fleischig-dicken Blätter sind von einer Wachsschicht überzogen (Verdunstungsschutz) und besitzen ein wasserspeicherndes Schwammgewebe (Sukkulenz). Dadurch kann die Pflanze längere Trockenzeiten überstehen.

Ein ausgesprochener Felsspalten-Spezialist ist der Schweizer Mannsschild *(Androsace helvetica)*. Vermutlich hat er an seinen heutigen Extrem-Standorten die Eiszeit überdauert.

So bietet das lebensabweisend wirkende kahle Gestein doch Lebensmöglichkeiten, die auch prompt von einigen Spezialisten genutzt werden, die gerade dort zuhause sind. Algen, Moose und Flechten überziehen das eintönige Grau mit braunen, gelben, ocker- und orangefarbenen und rötlichen Flecken, einem „Mantel aus Lebendigkeit" (Danesch & Danesch). Aber auch

Eigenschaften und Anpassungsfähigkeites eines Pflanzenpolsters

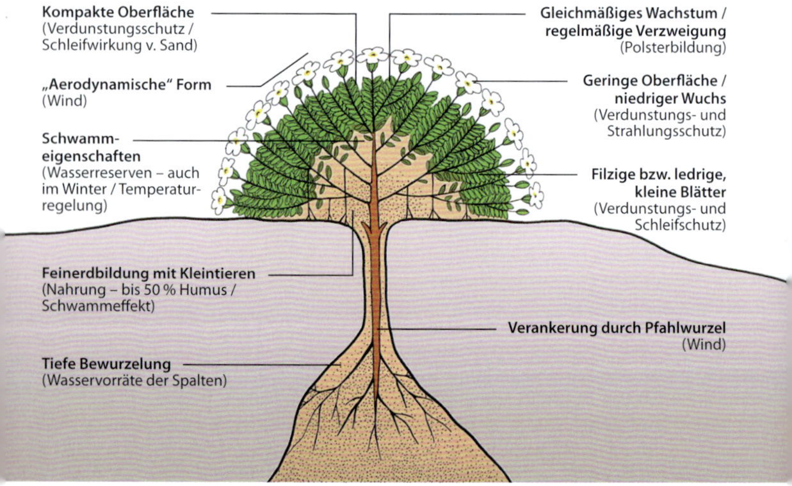

einige Blütenpflanzen fassen hier Fuß – im wahrsten Sinne des Wortes: Mit bis zu 1½ m langen Pfahlwurzeln breiten sie sich in Verwerfungsspalten und Schichtfugen aus, nachdem Moose und Flechten den „Boden“ bereitet haben: Diese Pioniere fangen nämlich Staubteilchen auf und bergen Feuchtigkeit, die es dann angewehten Samenkörnern von Blütenpflanzen erlauben, auszukeimen. Damit ist der erste Schritt der Eroberung dieses abweisenden Lebensraums auch von Blütenpflanzen geschafft. Doch der Überlebenskampf beginnt damit erst; so muss der Wasserknappheit ebenso begegnet werden wie rauem Schnee- und Sandgebläse und den extremen Temperaturen. Es gilt daher, die Wasseraufnahme zu optimieren und die Abgabe zu minimieren. Beides können Polsterpflanzen wie z. B. der nur in den Alpen vorkommende Schweizer Mannsschild *(Androsace helvetica)* in hervorragender Weise.

Dadurch, dass Felsstücke vermutlich durch Frost abgesprengt wurden, wird der Blick „hinter die Kulissen“ einer Felsspaltenpflanze frei (Schweizer Mannsschild). Die Spalten sind mit langen Wurzeln durchsetzt.

Der Schweizer Mannsschild kann Wasser bis zu 156 % des Eigengewichts aufnehmen.

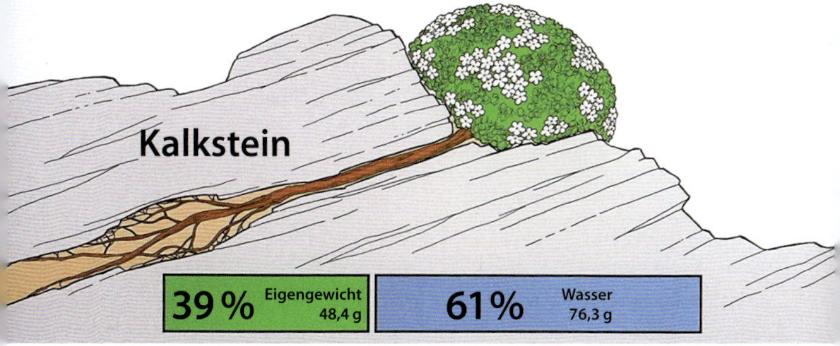

Die Behaarte Primel *(Primula hirsuta)*, auch Rote Felsen-Primel genannt, liebt Felsen.

Dafür sorgen zum einen die langen Pfahlwurzeln, zum anderen seine perfektionierte Polstergestalt. Vom Wurzelhals aus werden strahlig rundum Ästchen ausgetrieben, die alle jedes Jahr gleichmäßig weiterwachsen. Dadurch wird eine Halbkugel- oder Kugelform und damit die kleinstmögliche Oberfläche erreicht. Damit wird dem Wind die geringstmögliche Angriffsfläche geboten. Der damit verbundene Verdunstungsschutz wird durch die dicht-filzige Behaarung, die enge Blattstellung und die Lederigkeit der oberflächlichen Blätter unterstützt. Dies ist gleichzeitig Schutz gegen Kälte und Trockenheit. Die überdauernden Vegetationspunkte befindet sich tief in der schützenden Rosette. Das Polster ist Wasserspeicher und Nährstoffreservoir zugleich, denn die überwachsenen Blätter verwandeln sich nach einigen

Jahren in Humus, den die Pflanze nutzen kann. Äußerste Sparsamkeit und optimales Recycling der vorhandenen Mittel ist also angesagt. Übrigens bieten die Polster auch zahlreichen Bodentieren eine Lebensmöglichkeit. Das Polster ist ein regelrechter Schwamm und ermöglicht die Aufnahme von Wasser mit einem Gewicht von bis zu 160 % des pflanzeneigenen Gewichts.

Schon früh beginnen die Polster zu blühen. „Es ist beeindruckend, dieses strahlende Signal einer Bewährung, das sich Jahr für Jahr so selbstverständlich ereignet, als sei es eitel Freude, in der Gipfelzone unter den härtesten Bedingungen, die es für Pflanzen gibt, zu leben und zu blühen" (Danesch & Danesch, S. 240).

Vielseitig in der Standortwahl ist das Graue Greiskraut *(Senecio incanus)*; wenn es sein muss, kommt es auch in felsigem Gelände zurecht. In einem Polster (oben) ist es aber bequemer.

Woher die Alpen

kommen pflanzen?

Bislang haben wir uns mit der Lebensweise der Alpenblumen beschäftigt sowie Zusammenhänge zwischen dem Bau und den Fähigkeiten der Alpenpflanzen einerseits und den Standortsbedingungen andererseits hervorgehoben. Die zugrunde liegenden Beobachtungen konnten *direkt* anhand *gegenwärtig* existierender Pflanzen gewonnen werden, und sie können jederzeit nachgeprüft und ergänzt werden.

Wenn wir uns nun im Folgenden den interessanten Fragen nach dem *Ursprung* und der *Geschichte* der Alpenflora zuwenden, müssen wir zwangsläufig den Bereich der empirischen (beobachtenden) Naturwissenschaft verlassen. Beobachtung und Experiment können in historischen Fragestellungen nicht direkt angewendet werden. *Woher* die Alpenpflanzen kommen, entzieht sich der unmittelbaren Beobachtbarkeit und kann nur indirekt erschlossen werden – bei aller Unsicherheit, die solchen Schlussfolgerungen anhaften. Es handelt sich nicht mehr nur um empirische (auf Erfahrung beruhende) Wissenschaft, sondern um *Geschichts*wissenschaft. Nur mit Hilfe von *Indizien* kann versucht werden, vergangene Abläufe wie insbesondere die Entstehungsweise und die Ausbreitungsgeschichte zu rekonstruieren.

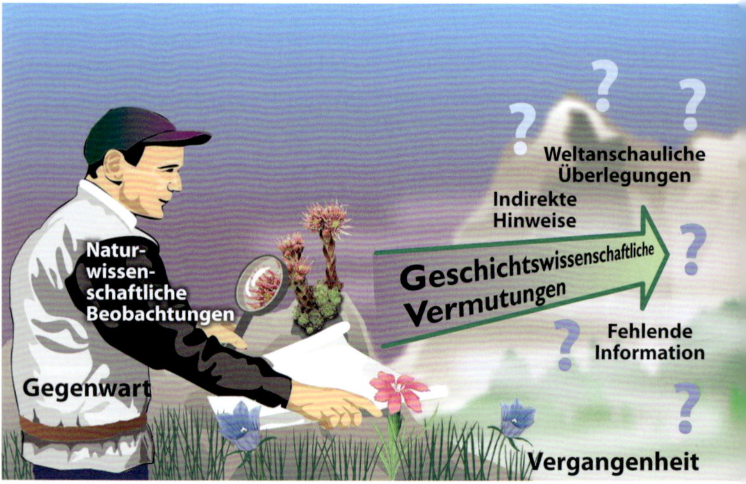

In der Erforschung der Natur müssen zwei Bereiche unterschieden werden:
– was gegenwärtig direkt beobachtbar ist
– was sich historisch nur anhand von Indizien erschließen lässt.

Solche Indizien werden hauptsächlich aus der heutigen geografischen Verbreitung von Arten, Gattungen oder Familien von Organismen gewonnen. Verbreitungsschwerpunkte können Aufschluss darüber geben, wo der Ursprung bestimmter Arten liegen könnte. Darüber hinaus können aus Fossilfunden weitere Informationen gewonnen werden. (Fossilien sind Reste und Spuren früherer Lebewesen, z. B. Versteinerungen, Abdrücke usw.) Auf diesem Wege kann der Wissenschaftler einige Momentaufnahmen des historischen Wegs gewinnen, den die Arten gegangen sind. Wir können dadurch hypothetisch etwas über das Schicksal der Arten in Erfahrung bringen. Ihr *Ursprung* liegt jedoch aus naturwissenschaftlicher Sicht im Dunkeln, da die fossile Dokumentation viel zu wenig Information hergibt. Dazu können nur theoretische Modelle entwickelt werden, die sehr unterschiedlich sein können (s. u.).

Die Entwicklung von Theorien über die Ausdifferenzierung der speziellen alpinen Arten ist eine Aufgabe, die im Rahmen biologischer Theorien über *Artbildung* angegangen wird. Dabei handelt es sich um ein Forschungsfeld, das nach wie vor intensiv bearbeitet wird und keineswegs „abgehakt" ist.[2]

In diesem Kapitel sollen Argumente erläutert werden, wonach die Entstehung der spezialisierten Alpenblumen durch Schöpfung im Sinne einer „programmierten Variabilität" erklärt werden kann.

Zur Herkunft der Alpenflora müssen also zwei Fragerichtungen unterschieden werden: zum einen die Entstehung der speziell für das Leben in großen Höhen ausgestatteten Arten selbst (dies führt in die Auseinandersetzung mit der Evolutionslehre), zum anderen ihr Schicksal im Laufe der Erdgeschichte nach ihrer Entstehung. *Entstehung* und *Geschichte* der Alpenflora sind also auseinanderzuhalten. Wir beschränken uns im Folgenden weitgehend auf die Frage der Entstehung.

Das Gardaseegebiet beheimatet viele Eiszeitrelikte.

Die Eiszeit als einschneidendes Ereignis

Das Schicksal der alpinen Arten kann in vielen Fällen mehr oder weniger weit zurückverfolgt werden. Grob ergibt sich für die jüngere Geschichte folgendes Bild: Nach der Hebung und Erstbesiedlung der Alpen durch entsprechend spezialisierte Arten vertrieb die Eiszeit den größten Teil der damaligen Flora in klimatisch günstigere Gebiete. Nach dem Rückgang der Gletscher fanden sich Pflanzen und Tiere aus verschiedensten Gebieten ein: Die heutige Flora ist ein „bunter Strauß“ von Pflanzen aus nordischen Gebieten, aus Steppengebieten Asiens, aus dem Mittelmeerraum und Nordafrika (Spezialisten für Trockenheit) oder sogar aus Amerika (auf dem Weg über Asien). Nur vergleichsweise wenige Arten sind Überbleibsel (Relikte), die die Eiszeit in den Alpen selbst überstehen konnten. Ebenfalls gering an Zahl sind in den Alpen selbst nach der Eiszeit entstandene Formen. Im Rahmen des Evolutionsmodells nimmt man für den Prozess der Alpenauffaltung sowie für die Eiszeit große Zeiträume an, doch gibt es auch Hinweise dafür, dass diese Prozesse rasch abliefen.[3]

Eines der schönsten Sauergräser: die Monte-Baldo-Segge *(Carex baldensis)* – eine Pflanze mit einem sehr kleinen Reliktareal (Rest-Standort).

Besiedlung bzw. Wiederbesiedlung von Pionierflächen können sehr rasch erfolgen. Dies zeigt eine gut dokumentierte Eroberung von Moränenhügeln des Griessgletschers (letzter Vorstoß ca. 1850) in der Nähe des Klausenpasses im Kanton Uri / Schweiz. Eine dort angebrachte Schautafel

Moränen im Vorfeld des Griess-Gletschers (im Hintergrund knapp sichtbar). Manche dieser Moränen sind innerhalb von nur 50 Jahren mit einer geschlossenen Vegetation überdeckt worden.

Wie kommt es zu diesem eigenartigen Verbreitungsmuster der Monte-Baldo-Segge? Dieses Beispiel zeigt, dass die gegenwärtige Verbreitung der Arten nur historisch verstanden werden kann. Im Falle der Monte-Baldo-Segge vermuten die Botaniker, dass es sich um Rest-Standorte handelt und dass die Art vor der Eiszeit viel verbreiteter war. Lediglich an wenigen Refugien (unvergletscherten Zufluchtsgebieten) konnte diese Art die Eiszeit überstehen, war hinterher aber nicht mehr in der Lage, sich gegen die zurückkehrenden Konkurrenten weiter auszubreiten. (Nach Engel 1987)

informiert darüber: „Heute ist der Griessgletscher schon zwei Kilometer zurückgeschmolzen. ... M. OECHSLIN hat 1935 die sich entwickelnde Vegetation am Gletscherrand untersucht und dabei festgestellt, dass sich die Seitenmoränen auf dieser Höhe (ca. 2000 m) innerhalb von 50 Jahren mit einer geschlossenen Vegetation überziehen, sofern der Untergrund nicht zu steinig und nicht zu steil ist."

Anpassungen der Alpenflora: evolutionär erworben oder direkt erschaffen?

Nach dem Vorstellungen der Evolutionstheoretiker haben die Alpenpflanzen ihre Strukturen und Fähigkeiten in einem langwierigen Prozess der Auseinandersetzung mit veränderlichen Umweltbedingungen erworben: „Die Entstehung der eigentlichen Hochgebirgsflora ist als ein über Millionen Jahre dauernder Prozess der äußeren und v. a. der inneren Anpassung (Erwerb von Kältetoleranz) zu denken, der in sehr vielen winzigen Schritten der allmählichen Umstellung der Lebensbedingungen folgte" (REISIGL & KELLER 1987, 14).

Und Gott sprach: Die Erde lasse Gras hervorsprossen, Kraut, das Samen hervorbringt, Fruchtbäume, die auf der Erde Früchte tragen nach ihrer Art, in denen ihr Same ist.

1. Mose 1,11

Nach schöpfungstheoretischer Sicht dagegen gehen alle Lebewesen auf erschaffene Vorfahren zurück. Gott schuf die Pflanzen und Tiere „nach ihren Arten". Aber was heißt das genau? Der biblische Schöpfungsbericht gibt hierzu außer den Informationen in 1. Mose 1,11–12 keine näheren Angaben. Von vielen wird die Erschaffung der Arten immer noch so verstanden, dass sie mit allen heute ausgeprägten Spezialanpassungen, d. h. genau in ihrer heutigen Form, ins Dasein gekommen seien – auch die Alpenflora: Das hieße dann, dass Gott die Pflanzenwelt der Hochgebirge in ihrer heutigen Lebensweise gebildet hätte. Doch diese Vorstellung ist schon aus biblischen Gründen wenig wahrscheinlich. Denn zur biblischen Geschichtsschau gehört als ein zentrales Ereignis die weltweite Sintflut. Was hat aber diese mit den Merkmalen der Alpenpflanzen zu tun?

Breitblättrige Primel *(Primula latifolia)*. Wurde diese wunderschöne Primel-Art, unabhängig von allen anderen Primel-Arten, genau in der Form geschaffen, wie sie heute vorkommt – spezialisiert auf Silikatböden zwischen 1800 und 3100 m? Die Breitblättrige Primel bildet aber, wie viele andere Primel-Arten, mit anderen (biologischen) Arten der Gattung *Primula* Mischlinge. Solche Kreuzungen sprechen für gemeinsame Vorfahren von Pflanzenarten mindestens innerhalb einer Gattung. Ob eine *geschaffene* Art mit einer biologischen Art (Biospezies) wirklich gleichzusetzen ist?

Waren die Bedingungen, auf welche das Eisglöckchen *(Soldanella pusilla)* spezialisiert ist, auch vor der Sintflut vorhanden?

Leben vor und nach der Sintflut

Der Zusammenhang zwischen der Entstehung der Alpenpflanzen und der Sintflut ist folgender: Eine weltweite Überflutung der Erde war nur möglich, wenn die vorflutlichen Gebirge bei Weitem nicht die Höhe heutiger Gebirge erreichten, oder wenn es zu erheblichen Gebirgsbewegungen kam. Die heutigen Ozeanwasser wären ca. 2,4 Kilometer hoch, wenn die Erdoberfläche topfeben wäre. (Die Tatsache also, dass es überhaupt Landflächen gibt – 29 % der Erdoberfläche –, ist dem Umstand zu verdanken, dass es sehr tiefe Meeresbecken gibt.) Folglich konnten mit dem Sintflutwasser Gebirge bis ca. 2000–2500 Metern Höhe überschwemmt werden. Wären die Gebirge vor der Flut tatsächlich relativ niedrig gewesen (was spekulativ bleiben muss), so hätten spezialisierte Alpenpflanzen in der Vorflutwelt keinen rechten Sinn gehabt. So gesehen drängt sich der Gedanke auf, dass die speziellen Alpenflora-Merkmale erst nach der Flut erworben wurden.

Die behaarte Primel *(Primula hirsuta)* ist bezüglich der Standortwahl recht spezialisiert. Sie ist nur zwischen 1500 und 3050 m anzutreffen.

Aber selbst wenn es für die heutige Alpenflora auch in der vorflutlichen Welt passende Ökosysteme gegeben haben sollte, so bedeutete die Sintflut dennoch eine so schwerwiegende Störung der Ökosysteme, dass nur Pflanzen überleben konnten, die mit einer größeren ökologischen Bandbreite ausgestattet waren. „Große ökologische Bandbreite" meint die Fähigkeit, unter unterschiedlichen Lebensbedingungen existieren zu können. Eine Pflanze, die z. B. sowohl ein trockenes als auch ein feuchtes Klima verträgt, hat bezüglich des Wasserangebots eine große Bandbreite. Pflanzen, die wiederum *nur* auf sehr nährstoffarmen Böden existieren, haben dagegen eine geringe ökologische Spanne, sind also ziemlich unflexibel.

Daraus folgt: Extrem und einseitig spezialisierte Arten wie etwa Schuttspezialisten des Hochgebirges hätten es denkbar schwer gehabt und wären vermutlich ausgestorben, weil aufgrund der gravierenden Änderungen der Lebensbedingungen für sie zeitweise kein geeigneter Lebensraum vorhanden gewesen wäre. Es scheint überhaupt das Aussterben von Arten vornehmlich durch zu einseitige Spezialisierung (also geringe ökologische Flexibilität) bedingt zu sein. Es ist eigentlich wie im menschlichen Leben: Ein Spezialist kommt in schwierigen Zeiten schlechter zurecht als ein Generalist („Alleskönner"), einer also, der zwar nichts perfekt kann wie der Spezialist, dafür aber vieles „so einigermaßen".

Von diesem Gedankengang ausgehend sollte man im biblischen Geschichtsrahmen erwarten, dass die Pflanzen die Flut nur überleben konnten, wenn sie flexibel und in ihren Ansprüchen variabel waren.

Die Aurikel *(Primula auricula)* ist dagegen vielseitiger. Sie gedeiht in Tallagen (z. B. in der Donauenge bei Wellenberg) bis hinauf auf 2900 m, sowohl im felsigen Gelände als auch im Rasen. Die beiden Arten sind eng miteinander verwandt, was sich durch die leichte Kreuzbarkeit zeigt.

Wie ist aber diese Erfordernis mit dem Gedanken einer Schöpfung zusammenzubringen? Führt einen dieser Gedankengang nicht zwangsläufig zu einem evolutionären Szenario?

Das ist keineswegs der Fall. Um aber auf die aufgeworfenen Fragen eine Antwort zu erhalten, sollen einige Beobachtungen an den Alpenpflanzen zusammengestellt werden, die Hinweise auf Antwortmöglichkeiten geben.

Erbänderungen sind *nicht* konstruktiv

Sollen die besonderen Merkmale, wie sie bei Alpenblumen zu beobachten sind, aus einfacheren, unspezialisierten Vorläufern neu entstehen, bedarf es entsprechender Änderungen der Erbanlagen, die zu Umgestaltungen des

Der Gletscher-Hahnenfuß *(Ranunculus glacialis)*: normale Blüten (links) und Mutanten (rechts).

Gar nicht so selten anzutreffen sind Albinos, bei denen die Synthese des Blütenfarbstoffs ausgefallen ist. Links: Bärtige Glockenblume *(Campanula barbata)*, rechts: Deutscher Enzian *(Gentiana germanica)*.

Pflanzenkörpers führen. Solche Erbgutveränderungen werden mit dem Fachbegriff „Mutation“ bezeichnet. Zahlreiche Experimente wurden durchgeführt, um solche Mutationen durch Bestrahlung, Verabreichung von Chemikalien oder andere Faktoren auszulösen. Darüber hinaus sind unzählige Mutationen aus dem Freiland bekannt. Alle diese Befunde zeigen allgemein, dass durch Mutationen keine Neuerwerbungen von Strukturen oder Organen erfolgen, auch nicht ansatzweise. Alle Änderungen durch Mutation beruhen nach bisherigen Erkenntnissen darauf, dass *bereits vorhandene* Eigenschaften, Pflanzenstrukturen, Eiweiße des Stoffwechsels usw. abgewandelt werden oder verloren gehen.[4] Besonders aus der Zucht ist zudem bekannt, dass Änderungsmöglichkeiten der Lebewesen an Grenzen stoßen, die nicht weiter ausgedehnt werden können. Beispielsweise kann man Schnauzenlängen von Hunden variieren, aber keine neuen „Grundtypen“ erzeigen. Der Wandlungsspielraum der Lebewesen scheint an *prinzipielle* Grenzen zu stoßen. Er beruht offenbar darauf, dass bereits komplex gebaute und flexible Lebewesen vorhanden sind. Diese Situation gilt auch für die Pflanzentypen, aus denen die Hochgebirgsflora herausspezialisiert wurde.

Was „Alleskönner" alles können

Es gibt unter den Alpenblumen nicht nur Spezialisten mit eng festgelegten Standortsansprüchen, sondern auch Generalisten, sozusagen „Alleskönner", die zum Teil eine enorme Flexibilität in der Standortwahl aufweisen. Während etwa der Gletscher-Hahnenfuß oder die Kriechende Nelkenwurz nur die höchsten Geröllzonen besiedeln, sind andere Vertreter dieser Gattungen nicht so „wählerisch". Beispielsweise umfasst die Höhenamplitude des Gebirgs-Hahnenfußes *(Ranunculus aconitifolius)* Tallagen ab ca. 300 Metern bis zur alpinen Zone über 2000 Metern. Und unter den Nelkenwurz-Arten deckt die Bach-Nelkenwurz *(Geum rivale)* eine ebensogroße Bandbreite ab. Der Gemeine Taubenkropf *(Silene vulgaris)* gedeiht auf Böschungen und an Waldrändern der Tieflagen ebenso wie (eine Variante von ihm) auf Geröllhalden in weit über 2000 Metern Höhe. Weitere Beispiele könnten leicht angefügt werden. Sie zeigen, dass einseitig spezialisierte Fähigkeiten nicht in allen Fällen erforderlich sind, um Extrembiotope besiedeln zu können. Vielmehr müssen im Repertoire der Lebensmöglichkeiten der Pflanzen entsprechende Fähigkeiten bereitliegen, die auf Bedarf „abgerufen" werden können. Insbesondere auf diese Beobachtung werden wir noch zurückkommen.

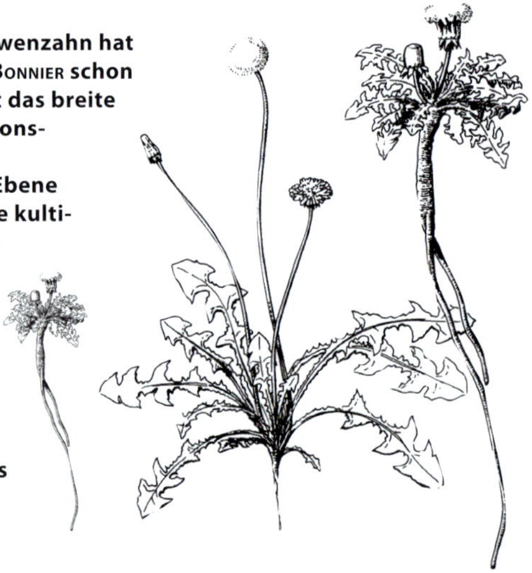

Beim „Alleskönner" Löwenzahn hat der Botaniker Gaston Bonnier schon im letzten Jahrhundert das breite Spektrum eines Variationspotenzials illustriert. „Pflanzenstock in der Ebene und (rechts) im Gebirge kultiviert. Links die Pflanze in der dem Flachland entsprechenden Verkleinerung, um den durch die kurze Vegetations- und Produktionsdauer des Hochgebirges bedingten Zwergwuchs deutlich zu machen." (Engel 1987)

Der Gemeine Taubenkropf *(Silene vulgaris)* als Talpflanze (links) und auf 2100 m als Schuttbewohner (oben).

Konstanz der Typen

Weiter wurde bereits auf S. 24-26 darauf hingewiesen, dass die alpinen Arten in der Regel gegenüber den Tieflandsbewohnern keine andersartigen Typen aufweisen, sondern vom Typ her leicht erkannt werden können, wenn die Tieflandsflora bekannt ist. Wer etwa mit der Gestalt der Glockenblume aus dem Tiefland vertraut ist (Glockenblumen

Hochwüchsig und „geduckt": Kugelige und Kugelblumenblättrige Teufelskralle *(Phyteuma orbicularis* und *Ph. globulariifolium)*

Die Wiesen-Glockenblume (*Campanula patula,* links) als Tieflandpflanze verglichen mit einer im Gebirge lebenden Art derselben Gattung, der Mont-Cenis-Glockenblume *(Campanula cenisia)*, hier auf 2700 m im Oberengadin.

besiedeln Wiesen, Äcker, Wälder und andere Standorte), erkennt Variationen dieses Typs problemlos auch im Gebirge. Diese Beobachtung führt schließlich zum letzten bemerkenswerten Punkt.

Arten, die sich kreuzen

Es gibt zahlreiche Kreuzungen zwischen Arten mit unterschiedlichen Standortansprüchen, Strategien und Merkmalen. Die spezialisierten Formen sind genetisch (erblich) gegenüber anderen Vertretern desselben Verwandtschaftskreises

Wo das Erbgut zweier sonst voneinander getrennter Arten durch Kreuzung „vermischt" wird, wird das Variationspotenzial erhöht. Die Farbvariationen von *Primula x pubescens* (Aurikel x Behaarte Primel) illustrieren das eindrucksvoll.

also nicht isoliert. Das heißt: Es ist oft keine scharfe Grenzziehung zwischen verschiedenen biologischen Arten möglich. Grenzen können wohl *zwischen Grundtypen* ausgemacht werden, nicht aber *innerhalb* von Grundtypen. Gewöhnlich wird die Bildung von Mischlingen zwar verhindert, aber das kann oft schon

Die Aurikel (*Primula auricula*, links) wächst nur auf Kalk-, die Behaarte Primel *(Primula hirsuta)* nur auf Silikatböden. Wo beide Böden aufeinanderstoßen, können Kreuzungen (Mitte) entstehen. Diese werden auch als Mischling *Primula x pubescens* bezeichnet.

Garten-Primel bzw. Aurikel *(Primula hortensis)*, Nachkommen ähnlicher Kreuzungen wie der auf der vorigen Seite abgebildeten Formen. „Einen solchen fruchtbaren natürlichen Bastard zwischen *Primula hirsuta* und *Primula auricula* … erhielt im 16. Jahrhundert Professor Clusius in Wien. 1582 sandte er ihn an einen Freund in Belgien. Von dort verbreitete sich diese außerordentlich prächtig blühende Primelsippe sehr rasch, und es ist erwiesen, dass von ihr alle unsere bunten ‚Gartenaurikel' stammen." (Danesch & Danesch 1981, S. 78)

aus dem Grunde erwartet werden, dass die Arten verschiedene Standorte besiedeln. Wo aber unterschiedliche Standorttypen aneinandertreffen, werden gelegentlich Mischlinge beobachtet. Ein beeindruckendes Beispiel bilden die gelb blühende Alpen-Aurikel *(Primula auricula)* und die rot blühende Behaarte Primel *(Primula hirsuta)*. Die erste ist kalkliebend und wird auf sauren Böden von der Letzteren vertreten. Wo die Verbreitungsgebiete überlappen, entstehen leicht fruchtbare Mischlinge, die in den schönsten Farben leuchten (s. S. 77). Solche sich gegenseitig auf Kalk- bzw. Silikatböden („Urgestein", z. B. Granit) vertretenden Artenpaare (vikariierende Arten) gibt es in großer Zahl in den Alpen. Bekanntes Beispiel sind die Rostrote und Behaarte Alpenrose. Selbst die extrem spezialisierte Kraut-Weide ist kreuzungsmäßig mit anderen Weidenarten verbunden, indirekt sogar mit Baumweiden der Tieflagen (s. S. 79). Die Kreuzbarkeit von nah verwandten Arten belegt eine enge Zusammengehörigkeit trotz u. U. deutlicher gestaltlicher Unterschiede.

Flexibilität – eine Schöpfungsgabe

Welche Schlussfolgerungen könen nun aus diesen Beobachtungen gezogen werden? Der Schöpfungsgedanke muss mit der Erfordernis nach Flexibilität gekoppelt werden. Schöpfung bedeutet nicht die Vorstellung einer strengen Unveränderlichkeit der Arten, sondern meint, dass alle Fähigkeiten der Organismen, die aktuell benötigten und potenziell vorhandenen und bei Bedarf abrufbaren, den Lebewesen von Anfang

Die erstaunliche Flexibilität eines geschaffenen Grundtyps wird an der Gattung *Salix* (Weide) deutlich. Hier z. B. die Silber- bzw. Trauer-Weide *(Salix alba)* (oben) verglichen mit der Teppich-Weide *(Salix retusa)* (links). Da viele der über 500 Weiden-Arten dieser Gattung direkt oder indirekt durch Kreuzungen verbunden sind, gehören sie, gemäß der Vorstellung vieler schöpfungsorientierter Wissenschaftler, zum selben geschaffenen Grundtyp.

Die im ursprünglichen, geschaffenen Anpassungsreservoir vorhandene Fähigkeit, als Baum hoch zu wachsen, scheint beim „kleinsten unter allen Bäumen" (Linné), der Kraut-Weide *(Salix herbacea)*, unter extremen Bedingungen (kommt auch in der Arktis vor) im Laufe der Zeit verloren gegangen bzw. unterdrückt worden zu sein. Dieses Gehölz wächst zudem, den extremen Umweltbedingungen angepasst, weitgehend unterirdisch.

an zugeteilt worden sind. Die ursprünglichen, geschaffenen Arten darf man sich nicht als streng spezialisiert denken, sondern als sehr flexibel. Das heißt für die Alpenpflanzen, dass deren spezielle Fähigkeiten bereits in ihren geschaffenen Vorläufern vorhanden waren, jedoch zunächst noch nicht ausgeschöpft und ausgeprägt werden mussten, solange nicht solche Biotope zu erobern waren, in denen diese Fähigkeiten überlebensnotwendig sind. Aus den genannten Gründen (S. 72–78) spricht also vieles dafür, dass die ursprünglichen, geschaffenen Arten (= Grundtypen) sehr variabel und flexibel waren. Sie wurden mit der Fähigkeit erschaffen, innerhalb der Grundtypen (also im schöpfungsgemäß vorgegebenen Spielraum) unterschiedliche Lebensräume zu erobern – eine Fähigkeit, die den Lebewesen in einer bewegten Erdgeschichte sehr zugute kommt. Pflanzen und Tiere, die von vornherein starr an ganz bestimmte Umweltbedingungen gebunden sind, hätten wenig Chancen gehabt, klimatische Umwälzungen erfolgreich zu überstehen und sich auf neuen Standorten zu etablieren.

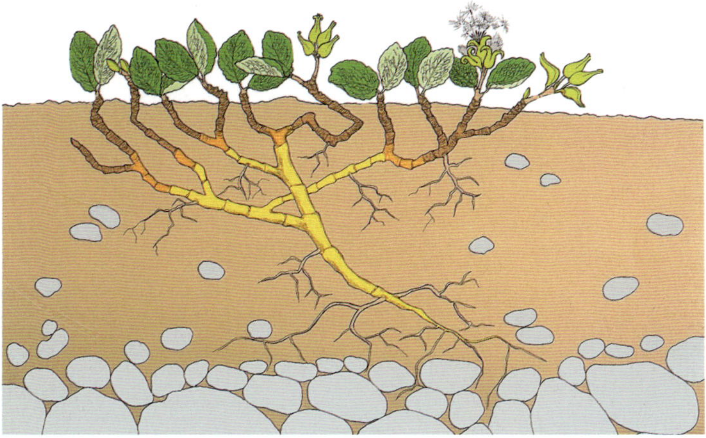

Schematische Darstellung der außergewöhnlichen Wuchsform der Kraut-Weide *(Salix herbacea)*.

Man könnte von einem „Anpassungsreservoir" sprechen, das bei Bedarf (z. B. bei Klimawechsel) ausgeschöpft werden konnte. So kann man davon ausgehen, dass die Alpenflora zumindest der höheren Regionen Merkmale zeigt, die ursprünglich noch nicht ausgeprägt, wohl aber bereits (schöpfungsgemäß) angelegt waren. Bei diesen Merkmalen handelt es sich folglich nicht um Höherentwicklungen im Sinne der (Makro-)Evolutionslehre, sondern um Ausprägungen und Spezialisierungen auf der Basis eines großen Variationsspektrums der geschaffenen Arten. Für diesen Vorgang können die breiten Spektren von Varianten, die durch Tier- und Pflanzenzucht entstanden sind, als Modelle angesehen werden. Mittlerweile sind einige Prozesse bekannt, welche zu weitreichenden Anpassungen innerhalb von Grundtypen führen können.[5]

Im Laufe der Zeit aber konnten dauerhaft auf hochalpinen Standorten lebende Formen einen Teil ihres ursprünglichen Repertoires verloren haben, solche Fähigkeiten nämlich, die über viele Generationen nie gebraucht wurden. Deren Verlust konnte weder bemerkt werden, noch konnte selektiv dagegen angegangen werden. Das heißt also: Einseitige Spezialisierungen sind keine evolutionären Neuerwerbungen, sondern quasi Reste eines zunächst relativ großen Repertoires an Ausprägungs- und Anpassungsmöglichkeiten.

Zwei Beispiele sollen diese Vorstellung illustrieren. Im ersten geht es um die Gattung Nelkenwurz *(Geum)*, die uns schon mehrmals begegnet ist (S. 44 und 51). In den höheren Lagen der Alpen kommen drei Arten dieser Gattung (bzw. dieses Grundtyps) vor: auf Geröllhalden die Kriechende Nelkenwurz *(G. reptans)*, auf Bergmatten die Berg-Nelkenwurz *(G. montanum)* und an feuchteren Stellen gelegentlich die Bach-Nelkenwurz *(G. rivale)*, die – im Gegensatz zu den beiden anderen Arten – auch weit in die Tallagen hinabsteigt. Unter diesen Arten ist die Bach-Nelkenwurz am flexibelsten. Dies zeigt sich nicht nur an der großen Höhenamplitude, sondern auch am Bau ihrer Früchte.

Wie bei allen Nelkenwurzarten sitzen bei der Bach-Nelkenwurz zahlreiche Früchtchen kopfförmig zusammen (s. S. 83). Die Einzelfrüchte besitzen einen hakenförmigen Griffel; der Haken besteht aus einem eigenartig geformten Gelenk. Die Griffel sind

Die Kriechende Nelkenwurz *(Geum reptans)* mit Fruchtschöpfen (rechts). Die Federschweife (verlängerte behaarte Griffel) dienen der Windverbreitung der Früchte.

Blüten und Fruchtschopf der Bach-Nelkenwurz *(Geum rivale)*. Im Gegensatz zu den beiden Gebirgsformen (Kriechende und Berg-Nelkenwurz), die mittels Federschweif praktisch nur auf Windverbreitung der Samen spezialisiert sind, besitzt die Bach-Nelkenwurz neben der schwächer ausgebildeten Behaarung auch einen Angelhaken. Durch Anhaften ist somit eine Verbreitung durch Tiere möglich. Die Behaarung erlaubt aber auch Windverbreitung. Die Bach-Nelkenwurz ist also vielseitiger und weniger spezialisiert. Entsprechend ist sie in der Standortwahl erheblich flexibler: Sie kommt an feuchten Stellen in Tallagen wie auch auf Bergwiesen in über 2000 m vor.

außerdem behaart. Damit können diese Früchte auf zweierlei Weisen transportiert werden: durch Tiere (aufgrund des Haftenbleibens des Hakens im Fell) oder durch den Wind (aufgrund der Behaarung). Diese Art ist also nicht auf eine bestimmte Verbreitungsweise festgelegt, sie ist

Samen, die mit einem zum Angelhaken gebogenen Griffel verbunden sind, können durch Tiere verbreitet werden, indem der Haken im Fell hängen bleibt (hier beim Hirsch sichtbar), um später woanders abgestreift zu werden.

diesbezüglich flexibel. Das entspricht ihrer weiten Standort-Flexibilität. In den Tieflagen gibt es genügend Säugetiere, an deren Fell die Griffel verhaken können; kommt diese Art im Gebirge vor, wo für die Verbreitung geeignete Säugetiere seltener werden, ist sie zugleich auf Windverbreitung eingerichtet.

Die Berg-Nelkenwurz besitzt dagegen keinen Hakengriffel; das Hakenstück fehlt; der untere Teil des Griffels ist dafür verlängert und die Behaarung stärker. Damit ist diese Art auf Windverbreitung spezialisiert („Federschweifflieger"), kann aber nicht durch Tiere verbreitet werden (außer bei Nässe auch durch Verkleben). Also liegt eine einseitigere Verbreitungsweise

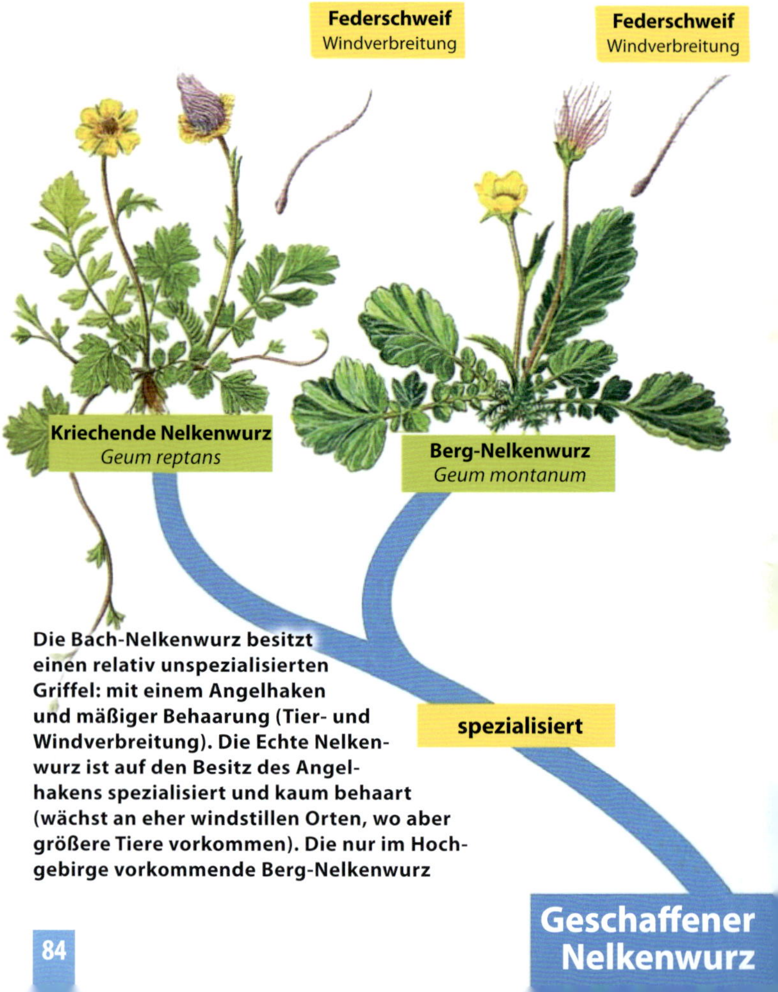

Die Bach-Nelkenwurz besitzt einen relativ unspezialisierten Griffel: mit einem Angelhaken und mäßiger Behaarung (Tier- und Windverbreitung). Die Echte Nelkenwurz ist auf den Besitz des Angelhakens spezialisiert und kaum behaart (wächst an eher windstillen Orten, wo aber größere Tiere vorkommen). Die nur im Hochgebirge vorkommende Berg-Nelkenwurz

im Vergleich zur Bach-Nelkenwurz vor.

Nach den Vorstellung der Schöpfungslehre könnte man sich nun denken, dass der flexiblere Bau des Griffels der Bach-Nelkenwurz der ursprünglichen, geschaffenen Situation näher steht als der einseitig gestaltete Bau

Nach der Befruchtung verlängern sich die Griffel der Berg-Nelkenwurz *(Geum montanum)* und die angelegten Haare breiten sich aus (Federschweif).

und die Kriechende Nelkenwurz haben dagegen den Angelhaken verloren; ihre Griffel sind dafür aber stark behaart (Spezialisierung auf Windverbreitung, zumal es im Hochgebirge verhältnismäßig wenig Tiere gibt). Von den vier Arten ist die Bach-Nelkenwurz bezüglich der Verbreitungsmöglichkeiten also am flexibelsten, da sie (vermutlich) am wenigsten vom ursprünglich vorhandenen Variationspotenzial verloren hat.

der Federschweifflieger. Letzterer kann durch einen Verlust (der Haken ist verschwunden) und damit durch Spezialisierung von Ersterem abgeleitet werden. Die ursprüngliche Flexibilität des Nelkenwurz-Vorläufers wäre bei den Federschweif-besitzenden Arten aufgrund des Verlustes des Hakens eingeschränkt.

Ähnlich könnte man sich vorstellen, dass die verschiedenen Lebensformtypen der Weide Ergebnisse eines Prozesses sind, an dessen Beginn flexible Formen standen, die recht unterschiedlich auf Umweltbedingungen reagieren konnten, die sich also je nach Situation baum-, strauch- oder gar zwergstrauchartig

Einschränkung der ursprünglichen Flexibilität

Dieses Modell soll verdeutlichen, dass Vielfalt von Arten innerhalb eines Grundtyps nicht durch Neuerwerb von Eigenschaften erworben werden muss (was der Sichtweise der Evolutionslehre entsprechen würde), sondern durch Einschränkung einer ursprünglich weiten Flexibilität entstehen kann. So könnte es sein, dass die speziellen Anpassungen der Alpenflora durch Beschränkung auf ein bestimmtes Siedlungsgebiet (große Höhen, kurze Vegetationszeit etc.) und nachfolgenden Verlust von Gestaltausprägungsmöglichkeiten entstanden sind. Es konnten solche Ausprägungen verlorengehen, die am hochalpinen Standort nicht benötigt wurden. Verlustmutationen, durch die bestimmte Fähigkeiten verloren gehen, die am alpinen Standort gar nicht gebraucht werden, sind für die Lebewesen verkraftbar; diese Verluste können nicht durch Selektion ausgemerzt werden, da sie sozusagen gar nicht bemerkt werden. (Wenn man etwas verliert, was man nicht mehr braucht, macht es nichts aus.)

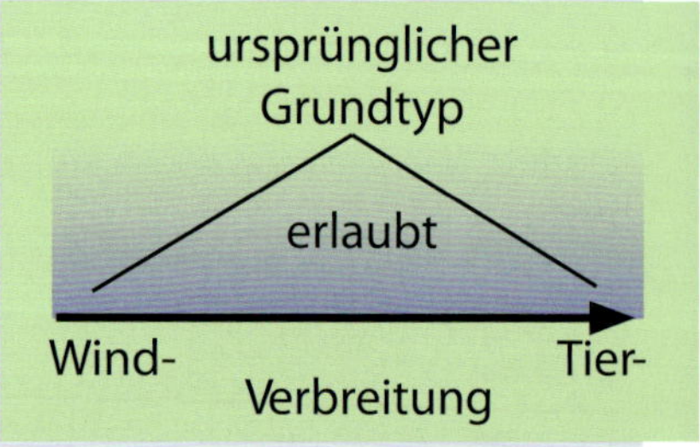

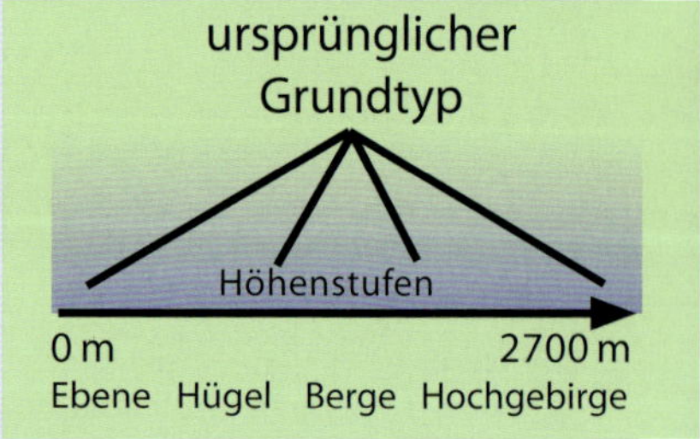

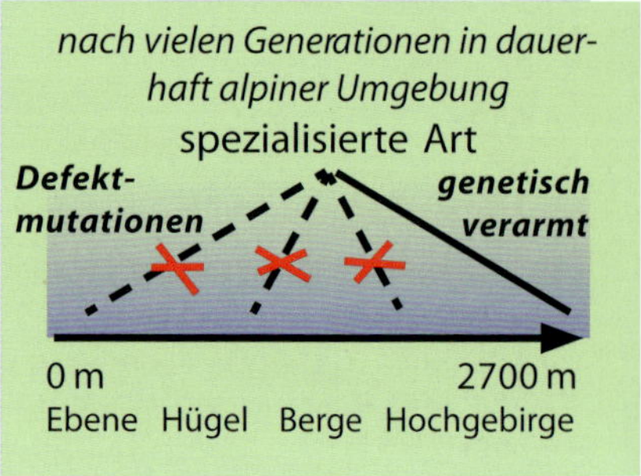

Kreuzung von Bach- und Berg-Nelkenwurz *(G. rivale x G. montanum)* im Botanischen Garten der Universität Zürich. Die Stängel dieser Pflanze sind so hoch wie die einer Bach-Nelkenwurz (bei der Berg-Nelkenwurz sind sie sehr kurz), aber der Frucht fehlt der Angelhaken der Bach-Nelkenwurz. Die meisten Nelkenwurz-Arten sind direkt oder indirekt durch Kreuzungen verbunden – ein Hinweis dafür, dass die Gattung *Geum* ein Grundtyp ist.

ausprägen konnten. Von vielen Hölzern ist bekannt, dass sie je nach Lebensbedingungen baum- oder strauchförmig wachsen können. Unter den heutigen Weiden gibt es eine weite Bandbreite von „richtigen" Bäumen bis zu alpinen Zwergsträuchern. Die heutigen alpinen Zwergstrauchweiden können freilich keine Bäume mehr werden; sie sind nach der hier erläuterten Vorstellung in ihrer Lebensform eingeschränkt und festgelegt. Immerhin zeigt die Stumpfblättrige Weide bzw. Teppich-Weide (s. S. 79) noch eine gewisse Variabilität; sie kann sowohl dichte Rasen bilden als auch Felsen überwachsen.

Die Variationsmöglichkeiten eines geschaffenen Grundtyps können mit einem Computerprogramm verglichen werden. Diese programmierte Variabilität ist nach diesem Modell im Erbgut der ersten geschaffenen Formen des Typs gespeichert. Je nach Umweltbedingungen werden ganz bestimmte Merkmale aus dem vorhandenen Programm „abgerufen" (die Umwelt „bedient die Tasten" des „Computers"). Auf grobem Silikatschutt im Hochgebirge z. B. sind die Merkmale gefragt, die wir bei der Kriechenden Nelkenwurz kennen. Bei längerem Nichtgebrauch eines Merkmals in einem bestimmten Gebiet (z. B. Angelhaken des Griffels im Hochgebirge) kann die Möglichkeit der Ausbildung eines solchen Merkmals verloren gehen, da kein Auslesedruck der Verlusttendenz entgegensteuert.

Weiden-Kreuzungen. Kaum zu glauben, aber wahr: Über zwei Zwischenstufen ist die auf und in alpinen Böden wachsende hochspezialisierte Kraut-Weide *(Salix herbacea)* mit einem „gestandenen Baum", der Silber- bzw. Trauerweide *(Salix alba)*, indirekt durch Kreuzungen verbunden. Alle Weiden gehören zur selben Gattung bzw. zum selben Grundtyp. Hier zeigt sich in besonders augenfälliger Weise die Flexibilität der „geschaffenen Arten" (Grundtypen). Das „Weidenartige" (z. B. Bildung von Kätzchen und die typische Frucht) ist jedoch bei aller Vielseitigkeit allen Arten dieses Grundtyps gemeinsam (keine Höherentwicklung, sondern Spezialisierung).

Geschwindigkeit der Spezialisierung

Im Schöpfungs-/Grundtypmodell wird – motiviert durch den zugrunde gelegten biblischen Schöpfungsbericht – eine kurze Erdgeschichte vorausgesetzt.[6] Damit erhebt sich die Frage nach der Geschwindigkeit des erläuterten Spezialisationsprozesses. Genügen wenige tausend Jahre nach der Schöpfung oder der Sintflut, um aus zunächst flexiblen, unspezialisierten (geschaffenen) Formen die heutigen hochalpinen Arten entstehen zu lassen, die mit besonderen Lebensstrategien ausgestattet sind? Aufgrund naturwissenschaftlicher Kenntnisse kann man diese Frage mittlerweile recht gut beantworten. Es ist einiges darüber bekannt, wie durch Programmierung und anfängliche Mischerbigkeit, Gen-Wechselwirkung und springende

Gene nach wenigen Generationen eine große Formenvielfalt innerhalb von Grundtypen ausgeprägt werden kann. So sind mittlerweile viele Beispiele schneller Aufspaltungen innerhalb von Grundtypen bekannt. Schon länger weiß man aus der Zucht, dass unter geeigneten Rahmenbedingungen spezielle Spezialisierungen in wenigen Jahrzehnten erreicht werden können. Vergleichbare Situationen sind aus dem Freiland nachgewiesen.[7] Wichtig ist hier, gegenüber den herkömmlichen Vorstellungen der Evolutionslehre umzudenken. Nach der Evolutionsvorstellung gehen Spezialisierungen auf *Neuerwerbungen* zurück. Neuerwerbung bräuchten auf evolutivem Wege (Zufallsmutation und Auslese; vgl. S. 68) viel Zeit. Im Grundtypmodell gehen die Spezialisierungen jedoch nicht auf einen Neuerwerb zurück, sondern auf Kombination und Verluste ursprünglicher Merkmale und Fähigkeiten (vgl. S. 82). Beides benötigt nicht viel Zeit. Die Kombination von großer Ausgangsvariabilität und

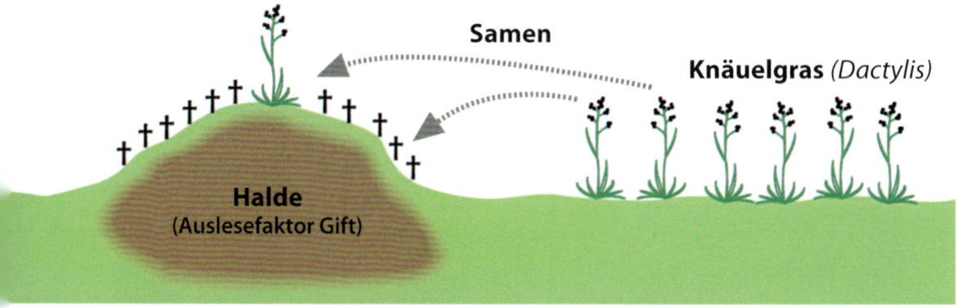

Bergwerkshaldenpflanzen

Die Abbildung zeigt die Besiedlung von schwermetallverseuchten Abraumhalden von Bergwerken. Die Samen verschiedener Pflanzen der umliegenden Biotope werden auf die Halden verbreitet. Die meisten Samen können nicht auskeimen oder sterben nach der Keimung bald ab (†). Einige wenige wachsen aus und können fruchten. Deren Nachkommen sind alle in der Lage, die Halden zu besiedeln.

Genetische Untersuchungen haben gezeigt, dass die Haldenpflanzen sich kaum noch oder gar nicht mehr mit den Formen der umliegenden Standorte, von denen sie abstammen, kreuzen. Damit sind nach dem Biospezies-Kriterium neue biologische Arten entstanden. Biologische Arten entstehen also auch heute unter natürlichen Bedingungen. Dabei handelt es sich jedoch nicht um Höherentwicklung, sondern um Spezialisierung innerhalb von Grundtypen, denn die Bergwerkshaldenpflanzen sind genetisch verarmt. Artaufspaltung hat sich auch in vielen anderen Fällen als Prozess genetischer Verarmung erwiesen, der, wie dieses Beispiel zeigt, in wenigen Generationen erfolgen kann, also nur sehr wenig Zeit braucht.[8]

einseitigen Lebensbedingungen dürfte die Möglichkeit einer raschen Spezialisierung ermöglichen, insbesondere – wie die Forschung gezeigt hat –, wenn die Ausgangsgruppen sehr klein sind (wenige Gründerindividuen).

Grundtypen sind keine Stereotypen

Wir sind am Ende unseres Streifzugs in das Reich der Gipfelstürmer angelangt, bei dem wir faszinierende Lebensstrategien auf unwirtlichen Standorten kennengelernt haben. Dabei haben wir auch den Blick in die Vergangenheit gerichtet und versucht, die Gestalten und Fähigkeiten der Hochgebirgspflanzen aus der Sicht der biblischen Schöpfungslehre zu deuten und zu verstehen. Wir haben

Zweiblütiger Steinbrech *(Saxifraga biflora)*

Himmelsherold *(Eritrichum nanum)*

diese zarten Geschöpfe als ausgesprochen zählebig und vielseitig kennengelernt. „Schöpfung“ bedeutet nicht starre Unveränderlichkeit, sondern reichhaltige Ausstattung von Anfang an, Vielfalt, Anpassungsfähigkeit und Flexibilität. Auch heute noch sind die alpinen Pflanzengemeinschaften in Bewegung, zurzeit aufgrund der klimatischen Erwärmung auf dem Weg nach oben in immer höhere Regionen.[9] So sind die Lebewesen nicht nur in vergangener Zeit durch Gottes Wort ins Dasein gerufen worden, sondern sie leben auch heute von dem, was Gott in sie hineingelegt hat, und sind stille Zeugen der Größe und des Reichtums des Schöpfers. Wir werden an das Wort Jesu erinnert:

„Wenn Gott sogar die Feldblumen so ausstattet, die heute blühen und morgen verbrannt werden, wird er sich dann nicht erst recht um euch kümmern? Habt doch mehr Vertrauen! Macht euch also keine Sorgen! Fragt nicht: Was sollen wir essen? Was sollen wir trinken? Was sollen wir anziehen? Damit plagen sich Menschen, die Gott nicht kennen. Euer Vater im Himmel weiß, dass ihr all das braucht.“
(Matth 6,30-32)

Alpen-Aster
(Aster alpinus)

Anmerkungen

1 „Pigmente schützen auch die Pflanzen". Schwarzwälder Bote (D-Oberndorf), 12. 9. 1994.

2 Einen Überblick zu diesem Thema bieten Scherer (1993) und Junker & Scherer (2013), Kap. III.5-6 und IV.9. Aktuelle Infos bei Crompton 2017; 2018a; b).

3 Scheven (1982), S. 68; dort weitere Literaturangaben. Allgemein zur Geschwindigkeit geologischer Prozesse siehe beispielhaft Stephan (2012) und einige Beiträge unter der Sammlung „Gültigkeit und Grenzen geologischer Zeitbestimmung", http://www.wort-und-wissen.de/loseblattsammlung/main.html.

4 Zur genaueren Begründung sei auf Kapitel II.2–III.5 von Junker & Scherer (2013) hingewiesen.

5 Junker (1993) gibt einen Überblick. Aktuelle Studien zu schneller Artbildung innerhalb von Grundtypen z. B. bei Crompton (2017; 2018 a; b).

6 Eine biblische Begründung liefern Wiskin (1996) und R. Junker: Lehrt die Bibel eine junge Schöpfung? http://www.wort-und-wissen.de/disk/d94/1/d94-1m.html

7 Vgl. Junker (1993). Einige weitere Beispiele bei Junker (2012), Kutzelnigg (1997) und Scherer (1995).

8 Macnair (1987); Erläuterungen dazu und weitere Quellenangaben bei Junker (1993)

9 Weber (1995)

Dank

Einige Mitarbeiter begleiteten uns auf unseren Exkursionen und standen mit Rat und Tat zur Seite: Dipl.-Biol. Antje Haeckel, Ingo Heppner, Rainer Leimeroth (dem wir auch einige Zeichnungen verdanken) sowie Dr. Barbara und Norbert van Cleve. Unser Dank gilt auch Herrn Dr. Herfried Kutzelnigg für seine sorgfältige Durchsicht des Manuskripts und seine konstruktive Kritik. Marlies Rother hat uns in bewährter Weise mit Korrekturarbeiten geholfen. Schließlich wollen wir nicht unerwähnt lassen, dass die Idee für den Titel „Die ersten Gipfelstürmer" vom damals 13-jährigen Philip Wiskin stammt.

Literatur

CROMPTON N (2017) Die Paradiesvögel. 1. Farbenpracht, Vielfalt und Einheit und ihre Hybriden. Stud. Integr. J. *24*, 88-95.

CROMPTON N (2018a) Die Paradiesvögel. 2. Präexistente genetische Programme und die Rolle der sexuellen Selektion. Stud. Integr. J. *25*, 12-19.

CROMPTON N (2018b) Die genetische Familie der Haliotidae – Hybridisierung, Fortpflanzungsisolation und sympatrische Artbildung. SG Wort und Wissen. http://www.wort-und-wissen.de/artikel/sp/b-18-2_haliotidae.pdf

DANESCH E & DANESCH O (1981) Zauber und Schönheit der Alpenblumen. Zürich – München.

ENGEL F-M (1987) Die Pflanzenwelt der Alpen. Kettwig.

FRANZ H (1979) Ökologie der Hochgebirge. Stuttgart.

JUNKER R (1993) Prozesse der Artbildung. In: SCHERER S (Hg.) Typen des Lebens. Berlin, S. 31–45.

JUNKER R (2012) Schnelle Artbildung live bei Darwinfinken. Stud. Integr. J. *19*, 45–47.

JUNKER R & SCHERER S (Hg., 2013) Evolution. Ein kritisches Lehrbuch. 7. Aufl. Gießen.

KUHN W (1987) Stille Wunder am Wegesrand. Berneck.

KUTZELNIGG H (1997) Schnelle Artbildung bei der Sonnenblume (Helianthus) durch Hybridisierung. Stud. Integr. J. *4*, 40–41.

MACNAIR MR (1987) Heavy metal tolerance in plants: A model evolutionary system. Trends Ecol. Evol. *2*, 354-359.

OECHSLIN M (1935) Beitrag zur Kenntnis der pflanzlichen Besiedlung der durch Gletscher freigegebenen Grundmoränenböden: Gebiet des Greiss-Gletschers. Ber. Naturf. Ges. Uri *4*, 27-48.

OZENDA P (1988) Die Vegetation der Alpen im europäishen Gebirgsraum. Stuttgart.

RAUH W (1958) Alpenpflanzen. Heidelberg. (Winters naturwissenschaftliche Taschenbücher 15)

REISIGL H & KELLER R (1987) Alpenpflanzen im Lebensraum. Stuttgart.

SCHERER S (Hg., 1993) Typen des Lebens. Berlin.

SCHERER S (1995) Schnelle Artbildung bei einem marinen Vielborster (Polychaeta). Stud. Integr. J. *2*, 42–43.

STEPHAN M (2012) 20 Millionen Jahre geologischer Dauerstillstand? Studium Integrale. Holzgerlingen.

SCHEVEN J (1982) Daten zur Evolutionslehre im Biologieunterricht. Neuhausen.

SCHRÖTER C (1926) Das Pflanzenleben der Alpen. Zürich.

WEBER PF (1995) Pflanzen zu Gipfelstürmern. Kosmos 4/95, S. 74–79.

WENDELBERGER E (1984) Alpenpflanzen. München (BLV Intensivführer).

WISKIN R (1996) Die Bibel und das Alter der Erde. Neuhausen.

Abgebildete Arten

Die Autoren

Reinhard Junker, Jahrgang 1956, studierte in Freiburg Biologie und Mathematik für das Lehramt an Gymnasien sowie Interdisziplinäre Theologie und promovierte in diesem Fachbereich an der Evangelisch Theologischen Fakultät in Leuven/Belgien. Seit 1985 ist er wissenschaftlicher Mitarbeiter der *Studiengemeinschaft Wort und Wissen* in Baiersbronn/Nordschwarzwald.

Richard Wiskin, Jahrgang 1942, stammt aus Kanada und war dort Lehrer für Geografie, Geschichte und Biologie. Nach langjähriger Missions-, Gemeinde- und Jugendarbeit in Indien und Europa begann er 1982 eine Arbeit als Bildungsreferent mit Schwerpunkt im Bereich „Biblischer Glaube und Wissenschaft". Er arbeitet dabei eng mit Wissenschaftlern im Rahmen der *Studiengemeinschaft Wort und Wissen* zusammen.

Reinhard Junker /
Richard Wiskin
Der Natur auf der Spur im Frühlingswald
Ein Entdeckungsbuch für Jung und Alt

Gb., Plastikeinband,
96 S., 11 cm x 19 cm
Best.-Nr. 271 428
ISBN 978-3-86353-428-8

Das Frühjahr ist eine besondere Jahreszeit. Ein Spaziergang in einem Laubwald kann jetzt ein besonderes Erlebnis vermitteln. Wo vor wenigen Wochen noch trostlose Leere war, wimmelt es nun an vielen Stellen von Frühjahrsblumen. Hier gibt es viel zu entdecken – ausgeklügelte Lebensstrategien und faszinierende Einrichtungen, die den Gedanken an einen phantasievollen Urheber nahelegen.

Natur als Schöpfung wahrzunehmen und darin Strategien eines genialen Planers zu entdecken, das ist Ziel und Absicht der Autoren dieses Naturführers besonderer Art für Jung und Alt. Die spannenden und informativen Schilderungen sind geschmückt mit einer Vielzahl ästhetischer und aussagekräftiger Abbildungen sowie zahlreicher Anleitungen zum Suchen, Beobachten, Ausgraben, Riechen, Schmecken usw.